软装设计风格速查
Soft Furnishing *Styles*

凤凰空间·华南编辑部 编

江苏人民出版社

图书在版编目（CIP）数据

软装设计风格速查 / 凤凰空间·华南编辑部编. --
南京 ：江苏人民出版社，2013.2
ISBN 978-7-214-08834-5

Ⅰ. ①软… Ⅱ. ①凤… Ⅲ. ①室内装饰设计 Ⅳ.
①TU238

中国版本图书馆CIP数据核字(2012)第242662号

软装设计风格速查

凤凰空间·华南编辑部 编

责任编辑	刘　焱
策划编辑	郑　青
特约编辑	郑　青
装帧设计	陈凯欣
责任监印	彭李君
出版发行	凤凰出版传媒股份有限公司
	江苏人民出版社
	天津凤凰空间文化传媒有限公司
销售电话	022-87893668
网　　址	http://www.ifengspace.cn
经　　销	全国新华书店
印　　刷	利丰雅高印刷（深圳）有限公司
开　　本	889毫米×1194毫米　1/16
印　　张	16
字　　数	179.2千字
版　　次	2013年2月第1版
印　　次	2016年5月第5次印刷
书　　号	ISBN 978-7-214-08834-5
定　　价	238.00元

目录
Contents

目录 Contents

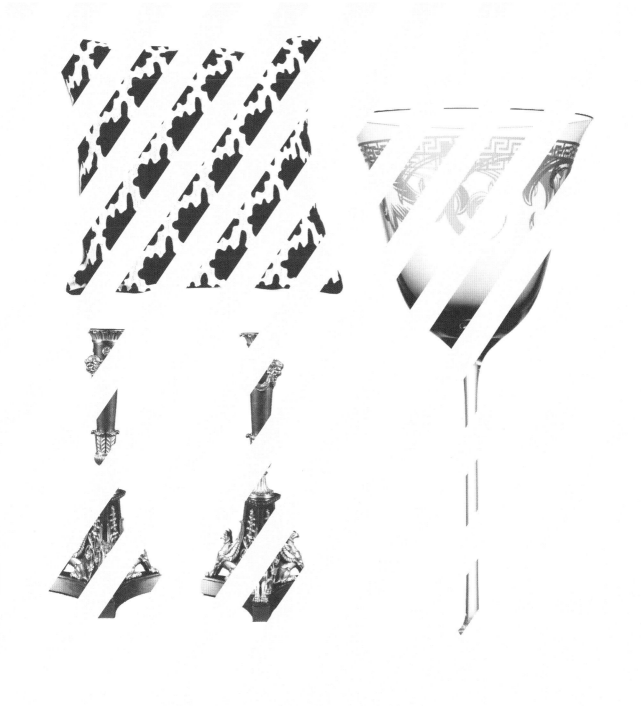

第一章
欧式风格

1 定义

我们今天所说的欧式风格，在时间上是指起源于古希腊古罗马时期、终止于折中风格时期的各种欧洲建筑与艺术风格的混合运用和改良，它继承了欧洲3000多年传统艺术中华贵繁复的装饰风格，又融入了当代设计师对功能的追求。在地域上，它主要包括了希腊、意大利、法国、英

（1）古希腊——公元前1500年—公元1世纪
　　古罗马——公元前30年—公元395年

> · 古罗马建筑继承了伊特鲁斯堪的拱、穹顶、混凝土技术和古希腊的柱式、山花。

> · 为克服混凝土外表的不雅观及易受潮的缺点，古罗马建筑采用了绘画性马赛克，室内则以大量的彩色壁画做装饰。

· 发展出欧洲各种柱式的基本类型：

多立安柱式(doric)——形式雄壮。

爱奥尼柱式(ionic)——形式优雅。

科林斯柱式(corinthian)——轻巧华丽并饰有茛叶。

神像柱(gods)——以诸神的全身雕像做柱身。

托斯卡纳柱式(tuscan)——似多立安柱式，更加粗壮、简洁。

混合式柱式(composite)——综合科林斯柱式的茛叶和爱奥尼柱式的涡卷，更加复杂绮丽。

国、西班牙和尼德兰（相当于今 家的风格演变。
天的荷兰、比利时、卢森堡和法
国东北部的一部分）这些西欧国

19世纪被挖掘出来的庞贝古城保留了古罗马时期的室内样貌，上图是庞贝维蒂住宅遗址，说明了当时的人们喜欢用大量的彩色壁画装饰墙面。

（2）中世纪——公元476年—14世纪

· 垂直向上的建筑线条。

· 装饰丰富的建筑表面。

· 哥特式建筑的柱子不再是简单的圆柱，通常是由多根细长的柱子合为一束，称为束柱（beam-column）。束柱强调了建筑垂直的线条，与高耸的中殿和尖塔一起消解了建筑的沉重感，更衬托出室内空间的开阔与高耸，和强调横向走势的日本建筑形成鲜明的对比。

· 高大的窗户和彩色玻璃代替沉重的墙壁，成为教堂装饰的主角。细长的窗户被称为"柳叶窗"，圆形的则被称为"玫瑰花窗"，窗棂的做工十分精美。从阿拉伯地区学习来的彩色玻璃技术被用来描绘基督的故事，以教化不识字的民众，而彩色玻璃所创造的绚烂的室内效果，不仅暗喻了"上帝是光"的教义，更与开阔的室内空间一起造就一种类似天堂的幻景。

· 带有锐角的尖拱侧推力较小，连续不断的尖拱融合了火焰形、三叶形、四叶形等图案，是哥特式建筑最重要的装饰语汇。

· 大门门框层层向内凹入，创造出透视效果，外墙附有大量的传统纹样和人物的浮雕，与建筑本身融为一个完美的整体。

建于1242—1248年间的法国圣夏贝尔教堂，拱顶的表面涂成蓝色和金色，纤细的束柱之间的墙体被彩色玻璃所取代，创造了由光线和色彩构成的空间，是中世纪彩色玻璃建筑的巅峰之作。

（3）文艺复兴——公元14—16世纪

- 对古典风格有一定的创新和突破，建筑强调对称、规整的结构。
- 在古希腊古罗马建筑细部装饰的基础上，发展出灵活多样的装饰语言——拱廊、粗细石敷墙、墙角隅石、三角形山花、半圆形山花等。
- 室内墙面绘有壁画或图案。
- 将各地区的建筑风格和柱式融合在一起，产生许多变体，确立了此后古典风格建筑的构造模式。

多层柱式——在多层建筑上组合各种柱式，一般把多立安柱式放在爱奥尼柱式之下，爱奥尼柱式放在科林斯柱式之下，而科林斯柱式又放在混合柱式之下。

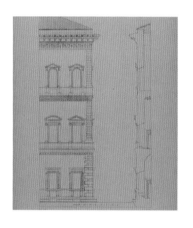

文艺复兴时期由布鲁内莱斯基设计的佛罗伦萨圣克罗切教堂的巴齐礼拜堂，柱子从立体演变成平面的贴面装饰，不同大小的拱形和圆洞创造了一个秩序的空间，显示了文艺复兴时期对比例及和谐的追求。

帕拉第奥母题——在每个开间的中央增加一个半圆券，券脚落在两根独立的小柱子上，两根小柱子上面架着小额枋，在小额枋上和券的两侧各开一个圆洞，其形式对比丰富，是建筑和室内设计最常用的装饰语汇之一。

布拉曼特立面——只在重要的楼层表面运用柱式，底层墙面饰以粗糙的石块，如同坚实的底座，与运用了精致柱式的楼层形成对比。

巨柱式——由米开朗基罗首创，只运用单一圆柱或壁柱，其高度贯穿两个楼层，而每个楼层又保留属于自己的柱子，气势恢弘。

建于1500年左右的米兰沃尔赛奇府邸，室内墙面饰有精致的壁画，家具配置则非常简单，由此看出文艺复兴时期的人们对家庭的舒适度没有很高的要求，而把装饰重点放在墙面上。

（4）巴洛克风格——公元1643—1715年的路易十四时期

· 充满激情与气派，结合宗教特色和享乐主义。

· 反对僵化的古典形式，追求外形的自由和动感，通过波浪曲面、断折的檐部与山花、疏密有致的柱子排列，强调立面与空间的起伏。

· 喜好富丽的装饰和雕刻、强烈的色彩。

· 强调艺术形式的综合表现，在建筑上重视建筑与雕刻、绘画的综合，在陈设品上重视各种工艺和材料的结合运用。

镜厅是凡尔赛宫的"镇宫之宝"，其室内设计由夏尔·勒布伦于1679年设计，大理石和镀金的石膏工艺装点着墙面，高大的拱窗和瑰丽的天花板，体现出巴洛克风格室内设计的华丽与雄壮。

（5）洛可可风格——公元1723—1774年的路易十五时期

- 意趣盎然的曲线，常用"C"形、"S"形、漩涡形等形式，造形构图遵从非对称法则，且带有轻快、优雅的运动感。

- 有别于以前对宗教和神话主题的偏爱，洛可可崇尚自然，装饰题材常为蚌壳、卷涡、水草及其他植物曲线花纹，局部以人物点缀，并以高度程式化的图案语言表达，东方艺术也成为洛可可题材的源泉。

- 色泽柔和、艳丽，以白色、金色、粉红、粉绿和粉黄等娇嫩色调为主，并以大量饰金的手法营造出一个金碧辉煌的室内空间。

凡尔赛的小特里阿农宫内玛丽·安托瓦内特王后的卧室，白色的墙壁贴有线条纤细的石膏，布艺饰以甜美的小碎花图案，镀金装饰在浅色调的空间里十分显眼，充满娇艳柔美之感。

（7）英国新古典主义——乔治一世至四世

- 优雅的英国样式，混合着帕拉迪式奥母题、庞贝古城装饰细部和洛可可的柔美气质。

建于1762—1769年间的奥斯特利庄园，由英国亚当兄弟负责室内设计，其装饰的灵感和样式均来自古希腊古罗马建筑及工艺品的细部，天花板则是带有洛可可风格的石膏细部。

（6）法国新古典主义——公元1774—1792年的路易十六时期；公元1799—1814年的拿破仑时期

- 新古典主义在法国被称为"路易十六风格"，并延续到拿破仑时期的"帝国风格"。

- 结合洛可可风格元素，向更学院式、更严谨的方向发展。

- 重新流行直线和古典规范。

- 帝国风格的建筑喜欢模仿古罗马的设计，体量巨大，装饰上喜欢使用与战争和埃及有关的题材。

法国巴黎的玛德莱娜教堂建于1804—1849年，是拿破仑为了显示其帝王野心而建，室内高大的科林斯柱式和爱奥尼柱式支撑起穹顶，建筑形制明显受到古罗马巴西利卡或其他纪念性建筑的影响。

2 色彩

欧式风格的色彩运用通常有两种趋向，一种是继承了巴洛克风格和洛可可风格的丰富色彩，巴洛克的装饰喜欢使用大胆的颜色，包括黄、蓝、红、绿、金和银等，渲染出一种豪华的、戏剧性的效果。而洛可可喜欢用淡雅的粉色系，如粉红、粉蓝和粉黄等，整体感觉明快柔媚。巴洛克风格和洛可可风格都追求曲线和装饰，但是通过不同颜色的使用，它们展现出不同的面貌。另外巴洛克家具尺寸较大，其覆面多往外鼓出，使外形看上去十分饱满，透出一股阳刚之气；洛可可家具纤细而优雅，显示出女性化的品味，这是因为洛可可风格的诞生本就源于路易十五的情妇蓬帕杜侯爵夫人的倡导。

墙面的粉绿色是洛可可风格最常用的颜色之一，暖色系地板和棕色的摇椅作为平和稳重的颜色，使整体气氛免于轻浮。

黄蓝搭配极度出彩，大胆的蓝色窗帘和家具把金色衬托得愈加闪闪发光，豪华的家具和复杂的窗帘把大厅布置得犹如皇家宫殿。

红色和绿色因明度低而让人丝毫不觉得艳俗，传统的墙纸纹样吸引人们欣赏的眼光，镜子和玻璃扩大视觉空间和反射灯光，使深色调的室内空间显得不那么暗沉。

另一种是讲究整体和谐，传递出新古典主义所追求的庄重和霸气感，多采用较为统一的中性色，如黑色、棕色、暖黄色等，再点缀以深色或金黄色的边缘装饰。一般都不能使用明度太高的颜色，使整体营造出高贵与宁静的气氛。此外，在以冷色调为主的室内设计中可多使用暖色调的陈设进行调节，反之亦然。

同色系的色彩搭配有助于体现新古典主义大气稳重的特点，特别是在大空间中，重色的运用能够加强整个空间的量感，再通过陈设品去调节空间的层次感。

2 色彩　　　　　　　3 家具

3 家具

（1）巴洛克家具

巴洛克家具的风格乃继承自文艺复兴时期，以壮丽与宏伟著称，家具表现出两个相反的特点——家具尺寸巨大，结构线条多为直线，强调对称，给人以古典庄重之感；装饰上却恰到好处地采用活泼但不矫饰的艺术图案。

巴洛克家具整体呈方正感，通常只在椅背或者桌面边缘有一些平缓的曲线起伏，为了体现其厚重感，椅子一般带有扶手和靠背。家具的装饰物总是大于正常比例且左右对称，与洛可可的细碎和动感形成鲜明对比，贝壳、莨叶是其经常使用的装饰。

椅背是巴洛克风格的突出特色，它们普遍很高且两侧呈直线形，椅背顶端带有平缓的曲线或装饰，椅背带翼也是这种风格的独创。家具的覆面十分华丽，各种各样的垫子起到了重要的装饰作用，不但给人视觉上美的享受，还可以随时更换，垫子边缘带有花边、穗带、绳结或密密麻麻的装饰性补丁。

巴洛克家具的四条腿通常是直的且彼此相似；家具的脚要么是简朴的方形、圆柱形或螺旋形，上面饰以花草装饰，要么做成球形、球茎或瓶子的形状。

笔直的装饰性桌腿和桌面的弧线形成了优雅的对比，圆盘和方形的白色墙面也遵循同样的道理，它们的立面面积都比较大，体现出巴洛克的豪华大气。

莨叶和爪形足是古典家具中最常见的装饰符号，它们灵活的形象被设计师巧妙地与家具融为一体，无论是床柔和的曲线还是书桌笔直的桌腿，都说明了它们更倾向于巴洛克男性化的装饰造型。

（2）洛可可家具

18世纪是以女性为中心的沙龙文化的全盛时期，往往是少数亲密朋友在小型房间中进行社交生活。因此路易十五时期的家具更加小型化、女性化。与曲线一起影响家具的还有对舒适的追求，扶手椅、安乐椅、长沙发、长椅、躺椅等大量的椅子家具，写字台、桌子和各种用于存储的家具布置在室内的各个角落，适应不同的需求。

与室内装饰相呼应，洛可可家具有着如流水般的木雕曲面和曲线，其形态更加优美。完全开放的曲线构成，上面饰以精美的雕饰、华丽的织物覆面，工匠们把最优美的形式与最可能的舒适效果巧妙地结合在一起。洛可可家具和洛可可室内装饰一样，喜欢用丰富而淡雅的粉色和金色，粉色给人一种明快柔媚的感觉，而金色则营造出一种金碧辉煌的效果。

成套的镀金家具和金丝织锦椅面充分延续洛可可风格的审美趣味，华丽的落地钟和花纹复杂、华贵的窗帘说明了设计师对洛可可风格深入的理解。

非对称美成为了洛可可风格最为人知的特色，从沙发的造型到各种细节装饰，都常使用非对称的手段增加动感效果，营造出一种戏剧化的室内气氛，彰显主人的爱好和品味。常用的巴洛克风格纹样包括了树叶、花卉、水果、贝壳和波浪纹，花卉通常卷成"C"形和"S"形的漩涡曲线，形成一种非对称的漩涡花饰，奇怪的动物造型和面具造型与这些漩涡形式相混合。其中卷形莨叶是最常见的造型，被使用在各种家具结构的转折处。

桌腿和椅腿大部分是"S"形，以各种花草形状组合在一起，甚至是人像和动物。家具的脚一般是爪形、分趾蹄形、蹄形或雕有莨叶。

布艺在这个案例中扮演着重要的角色——设计师依赖它塑造出空间的视觉亮点，底帘采用的是有花纹的半透明纱，和墙纸的风格保持了一致；主墙面的挂环帘营造出一种帐篷的感觉，这也是洛可可风格非常喜爱的一种方式，与此呼应的缎面家具，比木材质地来得更适合一些。

梳妆台和梳妆椅处处充
满柔媚的曲线，形象上
非常吻合家具的功能。
柜子中部做成突出的弧
形也是洛可可风格非常
流行的一种样式。

帝国风格家具有种类似建筑的量感，像柱面和檐口这样的建筑元素也被运用进来，狮子辅首显示拿破仑的影响，一切都透出男性的风范，壁烛台稍稍打破了这种严肃。

床头板的破山花最早是米开朗基罗在美第奇家族图书馆建筑中采用的样式，新古典主义基于对文艺复兴的崇拜重新采用并改进了这种手法，设计师通过选用黑白两色的软装，塑造出一个利落的古典风格的形象。

（3）新古典主义家具

在18世纪中后期的法国，洛可可风格的曲线与新古典主义的直线条混合使用在许多家具上，随后线条逐渐变得更加简朴，家具的外框变成矩形，并形成对称，洛可可的"S"形曲线让位于圆形线条，使得家具的整体感觉厚重，古典比例和希腊装饰细部逐渐被采用，如山墙、柱式、拱形、较大的卷涡被运用到家具的装饰中，另外作为战争胜利和拿破仑的象征图案，鹰、花环、蔷薇花和剑等也是新古典主义常用的纹样。

高贵的家具最后常常漆上黑色或深色油漆，并带有镀金细部。直的家具腿代替了弯腿并由上而下逐渐收缩，垂直的装饰性凹槽和螺旋形起到了突出直线感的作用。

古典风格家具不见得全都是装饰繁复的，案例中的挂臂椅线条简洁流畅，皮质光面的蓝色椅面使椅子整体统一，三脚设计则进一步增加了椅子的稳定感。

白日榻兴起于法国新古典主义时期，是其家具创造的代表，它以营地床形状为造型，带有帐篷一样的床帷，是对当时革命热潮主题的呼应。由法国新古典主义画家大卫所作的《雷卡米尔夫人肖像》中的白日榻、服装和发式都是基于古典的原型，显示了新古典主义对古希腊古罗马的崇拜与模仿。

　　白日榻因其优雅的造型和慵懒舒适的气息受到贵族的喜爱，成为了卧室或书房的必备家具，并由此演变出许多形式，如只有单边扶手的白日榻、受到阿拉伯风格影响的带罩白日榻等。这种可坐卧两用的榻，适用于比较隐私和轻松的空间，如卧室、书房和起居室等，营造出舒适而又典雅的气氛，适合摆放在室内不靠墙的空间，如落地窗边、床尾等。

雅克·路易·大卫是法国著名的新古典主义画家，他的画作充分反映了新古典主义的趣味，本身也是新古典主义家居很好的装饰品，这是他的作品《雷卡米尔夫人肖像》。

浴室被装扮成一个不仅仅是洗澡和泡澡的地方，白日榻、椅子等家具把这里营造成高度私密、高度放松的场所。

与法国的磅礴大气不同，英国的家具透露着绅士般的优雅，其标志是更多的线条、带孔洞的椅背和带有乡村气息、花纹雅致的覆面。英国的家具因许多著名的家具师而闻名天下，包括了亚当兄弟、奇彭代尔、赫普尔怀特、谢拉顿在内的设计师们，在英国形式的基础上发展出自己的风格语言。奇彭代尔的雕刻风格是中国式的甚至是哥特式的，简洁而又富有装饰效果，大书柜或者床顶部饰以山花或破山花（中间有空隙的山花）。赫普尔怀特最著名的作品是盾形或椭圆形带孔洞的靠背椅，方形的椅腿对逐渐变细，刻有平行的小凸线，以加强视觉效果。谢拉顿的家具则以精巧的功能而著称。

天鹅绒是英式家具酷爱的家具覆面料，它哑光的表面和柔软的触感实现了人们对华贵和舒适的双重追求，深沉的颜色是一种老派的绅士作风，使人的内心很快地沉静下来。

英国传统家具的线条偏向纤细，并喜欢融入一些自然的元素，如小碎花绒布覆面和灵感来自自然的雕饰等，雅致的插花也是表现英式古典典雅的方式。

4 装饰品

出现在家具中的装饰特点同样适用于日常装饰品，在巴洛克风格时期，贵族们对充满异国情调的东方趣味十分好奇，所以巴洛克装饰往往融合了一些东方元素，例如，在纺织品纹样中出现中国的山水风景和阿拉伯人物题材，或者模仿伊斯兰纹样，这种偏好一直延续到新古典主义时期。

充满动感的天使雕塑、花枝烛台和各式各样的镜子都显示出洛可可风格。烛台宛如花朵的造型，每个弯曲处都异常精致优美，洛可可风格灯具的许多造型都是由洛可可风格烛台造型演变而来的，并在此基础上加入水晶质感的吊坠，更添华丽之感。镜子的映射作用一方面扩大了室内的空间感，削弱了建筑的特点，使装饰趋向于统一和谐，另一方面，镜子闪烁的反射光和金色的边框增强了洛可可风格装饰的闪耀之感。

吊灯和烛台的尺寸要与空间相宜，像这样复杂的吊灯和烛台自然更适合高大的空间，在成为视觉焦点的同时，不会造成室内的压抑感。同时灯具的造型可以和室内的一些元素相呼应——烛台不断重叠的花瓣和镶板的镂空图案；吊灯的卷涡和烛台的花草茎。

贴壁的小桌是展示主人收藏的好位
置，遵循着曲形的花草茎与贝壳所
组成的复杂节奏，本身就是一件雕
塑艺术品。

新古典主义更加偏好那些来自古希腊古罗马的工艺趣味，雕塑和古典样式的花瓶本身既是家居中的一个元素，又是精美的艺术品，既可远观又可把玩。欧洲悠久的艺术历史无论是在样式还是在题材上都为设计师提供了无尽的选择，而在新古典风格中，以造型大气、纹饰节制典雅的艺术品更为适宜。除此之外，精美的工艺玻璃、模仿壁烛台的壁灯、用于展示或者做餐具用的银器都能提升欧式风格的古典倾向，更重要的是能让你的家居展现出一种更加精致和丰富的古典风格面貌。

在和谐统一的黑色背景下，设计师选用了许多造型活泼的陈设品，而不用担心过于杂乱，特别是晶莹的玻璃和人脸花瓶，平衡了黑色可能带来的压抑感，浅色的雕塑和插花也起到同样的作用。

装饰品的摆设考虑到了窗户前后的叠视效果，花瓶是典型的希腊样式，其优雅的黑色和大理石面板融为一体。

经典的雕塑复制品是古典风格装饰的不二选择，原尺寸的《萨莫特拉斯的胜利女神》复制品置于中间，无需过多的装饰，在灯光的照射下直接有力地凸显雕塑的量感。用阿波罗像做底座的台灯对称摆放在两旁，与高大的女神像形成稳定的三角形构图，揭示出对称装饰的魅力。

4 装饰品   5 布艺

5 布艺

窗帘是欧式风格布艺的主角，在欧洲，窗帘在18世纪前很少用，到了新古典主义时期才变得普遍。因为提花织布机的发明，带有图案的缎子和天鹅绒可以大批量生产，窗帘的样式也越来越多，装饰性的檐口、垂花饰盛极一时，维多利亚时期的窗饰甚至多达四五层。

今天的欧式窗帘基本采用开合帘和帐幔的形式，用料应有尽有，窗饰的形式亦十分丰富，一般有檐口、帷幔、垂花饰、流苏边、蕾丝边等。用来承托开合帘的罗马杆也成为装饰的一部分，罗马杆因其轨道头喜欢借用古罗马建筑装饰而得名，轨道头的样式应与主要家具的风格一致，颜色则要与墙面、地面和窗帘的颜色相衬。

欧式窗帘为了体现其华贵的特性，一般使用垂感好、厚实的布料，各种绒面料、高支高密的色织提花面料或印花面料都很受欢迎，同时也要根据室内实际的需要——如防潮、遮阳等，选择不同特性的面料。有些欧式窗帘在其下增加一层开合帘或罗马帘式的纱帘，不仅具有遮阳的功能，更加强了窗饰的层次感。

带垂花饰的华盖褶皱的布帘和花纹繁复的地毯与墙面的洗练形成对比。

透明白纱的拱顶帘烘托了房间的全貌，为建筑增添了一抹亮色，而不是喧宾夺主，扇形的垂花饰与窗户拱形形成对比。

波形花边巧妙地将人们的视线引入室内，细碎的流苏和镶边搭配协调。

这是一款富有表现力的窗帘组合，带有燕尾帘的垂花饰配合布带收拢的褶形窗帘，流苏和白纱底帘增加了层次。

厚厚的床垫、蓬松的被子，欧式风格的床上用品总是给人舒适的感觉，看上去就让人有一种要躺在上面的冲动。被子通常要大到能盖住床的两边，枕头多层摆放，增加舒适和豪华的感觉。欧式风格的枕头多饰以各种形式的装饰，只有精致细腻的面料才能衬托出古典抱枕的高贵感，天鹅绒、真丝、羊绒这些贵重的面料都是很好的选择。

枕头和被子是一个统一体，无论面料还是纹样都要有相呼应的元素，虽然现在的欧式古典不再拘泥于使用传统的纹样，但是繁复和装饰性还是必需的，精美的刺绣能增加面料的质感，非常受设计师的欢迎。

床上用品显然经过设计师的精心配置，不同造型、尺寸、颜色和纹样的枕头层层叠叠，前面的几个枕头虽然是几何图案，但丰富的植绒效果配合短绒边能提供不同的视觉层次，蓝色在一堆中性色装饰中显得如此惊艳。

6 装饰画

作为欧洲最主要的画种，油画的技巧和效果最能体现欧式风格装饰画的神韵，且古典油画以写实手法为主，其出神入化的技术使此类装饰画能即刻吸引眼球，起到画龙点睛之效。

欧洲古典油画的题材包括宗教、神话、历史、肖像、风俗、风景和静物等。宗教题材的绘画通常以讲述《圣经》故事和表达对神圣人物，如基督和圣母的崇拜为主，一般来说只适合涉及宗教信仰的家庭或场所。神话和历史题材则更适合普罗大众，描绘的场面往往恢弘无比，在新古典主义时期，历史题材绘画获得极高的赞誉，特别适用于作为大空间的软装饰。肖像画、风俗画、风景画和静物画画面灵活多变，尺寸多样，更能体现客户的个性化品位，是软装中运用最广的题材。

● 题材

{宗教题材}　以《圣经》故事和基督、圣母为题材

{神话题材}　以古希腊古罗马的神话为题材

{风俗画}　以日常工作和生活的场景为题材

{历史题材}　以欧洲著名的历史事件为题材，一般寄予了主人的理想

● 主题

{肖像画}

{风景画}

{静物画}

古典油画风格大抵分为两类：一类以文艺复兴时期和新古典主义时期的绘画为代表，给人稳重端庄之感；另一类则以巴洛克时期和洛可可时期的绘画为代表，充满活力，色彩绚烂。前者作为文艺复兴人文思想的产物和推动社会进步的元素，在直接继承了古希腊古罗马时期的创作法则之余，更强调了科学理性思想的传播。后者与文艺复兴后期手法主义追求动感的装饰精神一脉相承，为迎合赞助人的需求，画面的构成大多充满戏剧感，从另一个角度展现了当时上流社会的万种风情。

● 风格

{以文艺复兴风格和新古典主义风格为代表的绘画}

强调构图稳定，色彩变化柔和，科学的焦点透视成为艺术家的观察共识，影响了全球的艺术创作。

{以巴洛克风格和洛可可风格为代表的绘画}

构图充满动感和情节叙事感，光线的巧妙运用对画面气氛的烘托和塑造有不可抹杀的作用。

墙上的装饰画是文艺复兴时期贝诺佐·戈佐利的名作《三圣贤之旅》复制品的局部，精密细微的画风和鲜艳的颜色与低沉稳重的墙面色调形成对比，来自文艺复兴时期的艺术熏风拂过这个安静的空间。

在欧式风格中，装饰画的运用非常灵活，关键是它们通常需要一个或庄重或金碧辉煌的画框。

打破了常规尺寸的画框演变成陈设品的背景，其复杂的画面和新古典风格的柜子形成对比。

唯美的静物花卉装饰画配上同样唯美的小群雕，一盏造型灯突出装饰画的展示效果。

7 创意欧式软装

欧式风格的软装因为创造了一种复杂的视觉效果而被大家所欣赏，它通常也被认为是传统的。实际上在今天多元和混搭的设计理念下，人们已不再满足于欧式风格一贯的形象。欧式古典与其他室内风格的混合，总能制造出新奇和极具个性的家居空间。在现代主义单纯颜色和笔直线条的映衬下，洛可可扭曲的装饰展现出一种荒诞感，摆脱了现代主义的乏味呆板。新古典家具和原木桌摆放在一起，将空间的大方与欧式的典雅糅合在一起……总之，欧式风格软装犹如一个无穷无尽的宝库，设计师可以从中提取出取之不竭的装饰语汇，通过改变颜色、质感、形态等手段，创造出变化多端、不拘一格而又独一无二的创意风格。

带有古典元素的家具在这个简洁的空间中，其造型和质感更为突出，可被单独提取出来欣赏，有着复杂的欧式风格所没有的另类韵味。

颜色一成不变的古典家具显然已经让人产生审美疲劳，设计师需要一些鲜艳的颜色来刺激眼球，在水晶灯的照射下，高大的彩色玻璃窗闪烁着奇异的光芒，散发出一种混合主义之美。

设计师显然深受现代主义的影响，摈弃了一般室内空间所惯用的隔断，以一席厚重的落地帘围合私密空
间，Loft式室内的宽敞和无隔断给予大尺寸的陈设品充分的表现空间，使人感觉像走进了美术馆。

统一的白色挑战了人们对古典风格的一贯认知，充分凸显材料的肌理效果，使人们的注意力更加集中在陈设品的造型上，取得了一种生动效果。

8 案例赏析——隐

　　本案的男主人为建筑师，喜欢收藏红酒，女主人为媒介总监，经常出席时尚派对，同时喜欢舞蹈和音乐，因此在构思方案时要考虑如何把两位业主的特点结合起来，即如何在理性中糅合艺术灵动的气息。

　　本案以蓝、红、黄为主色调，体现空间庄重、沉稳的品质。在深色调木饰墙面的背景下，家具运用了黄色和蓝色这对最搭调的互补色。为了凸显稳健的本色，家具覆面和布艺没有采用各种夸张的古典图案，而是以理性的方格或纯色取而代之。同时家具也放弃了张扬的形状，而是用软皮革和天鹅绒高贵的质感来满足视觉与触觉的双层享受。

项目名称: 鸿基紫韵J2示范单位

项目地点: 陕西西安

设计公司: PINKI品伊创意集团&美国IARI
刘卫军设计事务所

在设计师所奠定的庄重主调下，你无需担心造型有趣的陈设品会破坏整体感，为了调动气氛，它们甚至是必要的。厚重的窗帘隔绝了室外的噪声和光线，古典建筑的图纸变身为装饰画，建立起软装和业主身份之间的关系，让人联想到业主职业的个性化特征。黑色面罩的水晶吊灯使光线效果更加突出，白色珊瑚礁、蓝色花瓶、台灯下的工艺品都呈现出植物的形态，和透明玻璃瓶内盛开的红色紫薇一起张扬着热情，感染周边流淌的空气。

主卧的蓝色格子墙纸和红色皮质床头，与客厅的主色调形成呼应，三间卧室都呈现出一致的软装布置方式——整体低沉的颜色为卧室带来静谧的休憩空间，床头线条简洁大气，冷峻的方形床头柜和台灯以床为中心对称摆放，床上用品和抱枕精致的质感、精美的图案之间构成复杂的视觉体验，引人入胜。

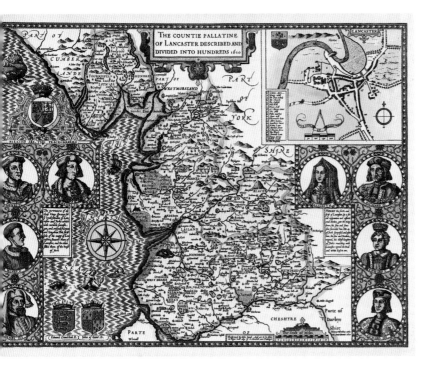

卧室与客厅的阳台之间搭建了一个多功能房，供主人娱乐和会友。别出心裁的八角桌比长方形或者方形的桌子更适合小巧的空间，麻编地毯同样给你舒适的体验。书房延续了主卧的色调和气质，无论是家具还是陈设都透露出浓浓的男性特征，设计师特意在窗边增加一把读书用的凳子，赋予业主一个沉思的角落。

9 案例赏析——法式古典的现代混合

项目名称: 咖啡店
项目地点: 巴西圣保罗
设计师: Fábio Galeazzo
摄影师: Marco Antonio

这个咖啡馆的设计灵感来自18世纪法国玛利·安托瓦内特王后在凡尔赛的住所——小特里阿农宫的乡村式花园，许多18世纪流行的奢侈品被现代设计和功能的观点重新包装，表现出时代感和混合感的奇异效果。

沙发和靠背椅是路易十六时代的样式，套上仿鱼皮布料缝合而成的套子，沙发旁的彩色条纹柱子却是由可丽耐这样的现代材料制成的。小特里阿农宫乡村式花园的树枝形象被搬到室内，罗马式花钵和现代装饰画、柱子营造出一种风格上的对比，地毯的纹样也是由古典的百合花纹样分解而成的，使室内软装充满了活跃的戏剧感。

设计师没有把各种传统元素的再创造局限在条条框框中，因此中国式的红穗子被挂到吊灯上，营造出一种华丽的和异域的感受。

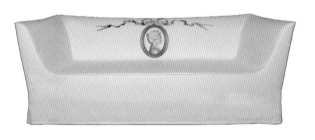

业主收藏的陶瓷、小幅画作和招贴被
设计师集中在一角，造成一种类似展览的效
果，使收藏品更具视觉冲击力。内敛的新古
典主义陈列柜恰如其分地衬托出陶瓷的优雅
造型和洁白质地。马头壁挂和斑驳的镜框是
非常珍贵的收藏品，它们说明了岁月也是作
品的一部分，为作品带来更加动人的效果。

设计师受到后现代设计思潮的启示，戏弄了古典主义一把：那些来自玛丽皇后时期的古典样式家具被涂上可爱的色彩，许多有趣的古典细节和简约的现代家具拼接在一起，两个严肃的古典雕塑被放置在彩色的背景中，体现出强烈的戏剧效果，在这样的室内你永远都不会觉得沉闷。

作为咖啡馆，舒适是必不可少的，所以汉斯·J.韦格纳的Y形椅再次登场给大家提供舒适的座位。植物元素又出现在壁纸、壁灯上，吧台干枯的树木延续沙发区花园的形象——别忘了这可是本案的灵感来源。

第二章
田园风格

1 定义

田园风格，也叫乡村风格，有别于严肃的、充满装饰的和颜色华丽的古典风格，田园风格追求的是舒适的、休闲的和生机勃勃的居住氛围。田园风格形式多样，但无论是原汁原味的英式田园、粗犷的美式田园、多彩的法式田园还是甜美的韩式田园，都从实用的家具、炫彩的织物中流露出一种悠然自得的雅致。

田园风格的装饰是为了适应乡村生活而产生的一种风格，虽然它在本质上既不同于追求身份表达、为了装饰而牺牲舒适的皇家风格，又不同于追求象征意义大于功能需求的宗教风格，但是在田园风格的演变过程中，不可避免或主动或被动地受到主流图式的影响，所以我们总能在田园风格的家具或者陈设上看到古典风格的装饰语汇，这些装饰语汇被节制地融合在乡村生活的需求中。

在18、19世纪的乡村里，人们并不执着于对装饰风格的传承或追求身份象征，因此田园风格在软装细节上又是混合的——可以是一把华贵的法式宫廷椅，搭配来自波斯的地毯；也可以是从父辈继承来的一件陶器，搭配旧货市场淘到的一张桌子，但无论如何，田园风格必须把自然界的元素引入室内，必须创造一种温馨轻松的家庭氛围，必须是不张扬而又实用的。

原木色与家具、地毯温和的颜色构成一个中性色调的世界，清漆木材的质感配上天鹅绒是最浓郁、最温暖的乡村范。

2 英式田园

英式田园丰富的装饰语汇使它成为田园风格中的最具魅力者。英式田园的整体色彩比较深沉，通常以棕色的家具、深色的壁纸和布艺，与棕色或红色的地板相互搭配；或者是米黄色调搭配各种花色的大面积布艺，营造出秋天般的醇厚氛围。由于英式田园倾向于选用有各式花纹而非纯色的陈设品，因此窗帘、抱枕、桌布和墙纸等最好选用颜色和风格比较统一的花纹样式。在决定是否使用某一种纹样时，一定要放在整个环境中进行对比。如果把所有你觉得美丽的东西放到房子中，最后可能会使人在视觉上感到混乱。

用明度较高的彩色布艺沙发装点室内是英式田园风格的常用手段，特别是那些想创造轻松气氛的家庭，这样的沙发也适合庭院。

纯净的白色空间，除了壁炉黑色的内部和墙上黑色的钟，设计师舍不得用任何重色来破坏这种轻盈感，纤细的条纹及家具腿、蜡烛、镜子上枝条状的装饰，甚至壁炉柱面上的刻痕，都使一切显得细腻动人。

整体空间属暗色调，特别是深褐色的木地板和墨绿色的窗帘提供了一个独自思考的静谧氛围，因为扶手沙发面积小，浅淡的颜色和暗纹既符合空间内敛的气质，又能使其不过于沉闷。纱质窗帘在带来光的同时，又不会破坏这一片安宁。

壁炉、厚垫沙发、条纹、贵气的抱枕、拱形的壁龛以及陶瓷，集合了英式田园的经典元素，以壁炉为中轴线的完全对称式设计堪称经典中的经典。

一个壁炉、装满书的木制大书架、简朴的大陈列柜、一张切斯特菲尔德沙发和带碎花布面的扶手椅，就是最经典的英式田园装饰。英国家具多使用木材，家具的配饰多采用黄铜而不是合金来制作，以显示其古旧的气息。家具是为了适应英国的庄园生活，因此沙发和椅子有着厚厚的垫子，人坐其上，正好慵懒舒适地享受一顿英式下午茶，打发休闲时光。

切斯特菲尔德沙发最大的特点就是造型大方，布满全身的下凹纽扣使人忍不住去玩，达成人与物之间的对话。落地书柜能凸显出主人藏书之丰富，营造出浓厚的书香氛围。

英国乡村家具特征：

· 采用原木制作，主要包括了橡木、榆木、杉木、胡桃木和桃花心木。

· 简朴的、实用的、注重结构的家具通常是为了使用，而不是为了展示或者炫耀。

· 不追随潮流——自18世纪开始，英格兰地区的乡村式生活方式才日渐为人们所欣赏，且不会被外力轻易影响。

田园的家具拒绝巴洛克式的颇琐，通过把手造型来打造细节。

厚重的皮沙发让人联想到老绅士的气派。

来自18世纪奇彭代尔样式的扶手椅，造型优雅，纹样是恰到好处的点缀。

栅栏状椅背的椅子很适合室外或走廊摆放。

英格兰的格子纹样带来一种醇厚的感受。

清新的颜色和花纹间舒展的距离，抛弃了小碎花的琐碎，更契合蓝色墙面的淡雅，白色和花色交替使用在不同的沙发和抱枕之间，是室内家具保持整体感最直接的方式。

左图的格子和条纹清新，右图的丝绒和镶边优雅———布艺的选择不能仅凭自己的嘉好，要根据整体色调、想传达的格调以及与家具间的层次关系确定。

整体风格偏庄重的家具，特别是带有高贵感的皮质家具，可以用一两件浅色的家具搭配一下，既不沉闷又不显得突兀。

丰富的布艺纹样是英式田园风格的象征，椅子和沙发的缎面通常使用花呢布和天鹅绒，有时会使用暗色的皮革。无论你的家具是什么材质的，都应该采用带纹样的布艺作为覆面，特别是纤细的植物纹样，充满旧时的庄园感，各种小碎花和花卉藤蔓设计，营造出有别于古典奢华的清新感受。

条纹和格子装饰的花呢布，是另一种重要的、显著的英格兰传统纹样，让人联想到英格兰的传统舞蹈和音乐。另外，以前的英国人非常喜欢在乡下进行一些运动，所以表现打猎和马术场景的花纹也非常受欢迎，特别适用于客厅或者主人书房这些比较正式的场所。

柜子依靠本身的起伏和充满张力的弯腿来吸引眼球，不妨在陈设品的后面加挂一面镜子，能够增加陈设品的层次。

主人不是把自己收藏的玩意摆放在陈列柜里，而是高低阶的书桌上，摆放也非常强调高高低低的变化，形成层次丰富的展示效果。

放弃琐碎的装饰和花纹，代以古希腊古罗马风格的雕塑和工艺品展现古风气质，使空间显得大气。

　　英式田园就是要让人觉得生机勃勃，因此从来不会有人用"沉闷"这样的词语来形容英式田园的陈设，装饰品和装饰画都是能够体现英式田园的绝妙道具。植物纹样的窗帘、墙纸和抱枕，用皮面或者布面包装的精装书，精美的瓷器和风景画，甚至一些古怪的收藏品都可以增添庄园气氛。你可以在陈列柜、梳妆台、客厅小圆桌上展示你的收藏品，东西的摆放和追求对称的法式古典相反，可以随意一些，但在搭配时要注意大小对比以及高低节奏。

英式风景陶瓷继承了英国风景画"如画的风景"的概念，画工精致，重视写实效果。因为英国下午茶讲究点心的口味搭配和进食顺序，所以产生了一种典型英式陶瓷——点心架。没有铺满花纹的陶瓷茶具能让人更好地欣赏到陶瓷的质地，金色的边让它绽放出华贵的光彩。

陶瓷同时也是饭桌和下午茶的主角，和玻璃、银器一起创造一个贵族般的宴会。

英式田园经常需要一个陈列架或者陈列柜来展示收集到的陶瓷，碟子用底座竖立起来，而且这些陶瓷通常是同一个风格和色系的。

英国作为下午茶习俗和欧洲近代陶瓷的发源地，创造出一种器形优雅、花纹精致的陶瓷风格，一种集装饰性、纪念性和实用性为一体的陶瓷产品。最常用的陶瓷图案包括了展现英国乡村的风景画、各式花卉和各式模仿古希腊古罗马样式的瓷器。

最著名的英国陶瓷品种是距今已有300多年的骨瓷——在陶土和瓷石中加入动物骨粉，使陶瓷质地细腻又有透光性，博得"薄如纸、透如镜、声如磬、白如玉"的美名。英国三大陶瓷品牌皇家道尔顿（Royal Doulton）、韦奇伍德日用陶瓷（Wedgwood）、皇家瓦塞思日用陶瓷（Royal Worcester）都是骨瓷的铁杆粉丝。

田园的风景画可大可小，形式灵活，因为它们通常以较深的绿色调为主，金色的画框会比木框更合适它们。

"如画的风景"的观念流行于18世纪30年代到19世纪30年代间，作为对古典主义的维护，它是写实绘画和浪漫意境的完美结合，特别以英国风景画家约翰·康斯太勃尔为代表。

　　英国的文化孕育出一种特殊的风景画风格，这种被称为"如画的"绘画观念，有别于古典主义风景画宏大的场景、浓烈的颜色，而重在描绘诗意的乡间景色、光线的朦胧氛围和自然事物的美感。光影绚烂、质朴而又真诚的画面，唤起人们对大自然的向往和对生活的热爱，置于室内，更是延续了英式田园一种典雅的浪漫。

田园风格的壁炉不需要太多的装饰，未经打磨的石面彰显个性，壁炉护罩、柴篮和壁炉四件套工具是壁炉的固定搭配。

一些款式古老的家具能够增加室内的趣味，如这个带收纳功能、桌面可收起来的书桌比普通的书桌样式更吸引人。

表面粗糙的刺绣和沙发紧实的布料形成对比，花纹繁复的地毯和纯色的沙发形成对比。

英式田园的软装建议：

• 传统壁炉是英式田园风格必不可少的标志性装饰，传统的英国庄园生活就是大家围着壁炉交谈、看书等，所以壁炉既是人们活动的中心，也是客厅的视觉中心，尽管现在人们已经很少用壁炉烤火了，但一些松木和黄铜的壁炉装饰能够很好地增加乡村气氛，壁炉上还可以摆放一些家庭照片或收藏的小物件。

• 摆上款式看起来比较古老和简朴的家具，如果没有的话，可以考虑做旧处理的家具，特别是不要有太亮的漆和太多的装饰。

• 不同材质和样式纺织品的混合使用能增加空间的气氛，花卉藤蔓图案、条纹格子和刺绣图案是非常理想的选择。

· 使用多皱褶的开合窗帘和罗马帘比百叶窗更合适，特别是花卉图案纺布和质感高贵的天鹅绒。

· 给小巧的下午茶餐桌披上垂地的桌布，带有流苏则显得更加浪漫，并摆上一些小装饰或者鲜花。

· 田园风格的花艺造型可以随意一点，颜色和造型以选择淡雅为宜，除了正式的花瓶外，陶瓷水罐、杯子都是花艺搭配的好器皿。

拖地的桌布和带流苏的垂直窗帘，带来一种老英国的情调。

不需要特别的造型，随意才是田园风格插花的精髓，哪怕随手拿来的一个普通器皿，都能衬托出鲜花的勃勃生机。

在田园家居中，小巧的空间和窗户最适合罗马帘，带点蕾丝边或纱布边更显浪漫。

高低、大小不同的花艺布置格外能让人体会到植物的美丽和活力，为这个色调低沉的室内空间带来生气。

无论如何，田园风格给人们带来的都是舒适休闲的生活感受及清新的视觉效果，所以当你选择一样装饰时，记得要退后一步看看是否让你舒服。

3 美式田园

美国的建筑和室内设计风格大部分脱胎于欧洲，特别是英国。不过美式田园风格因为融入了许多北美本土的元素，所以发展出一种完全不同于英式田园的气质——一个细腻，一个粗犷。正因为美式田园这种气质，以及美式家具相对而言体积大些，所以美式田园风格适合面积较大的别墅和公寓。

（1）美式田园的灵感来源

1774年，一个被称为"震教"的宗教团体从英国逃到美国，以逃避宗教迫害。由于震教强调积极勤奋，反对当时流行的浮华不实的装饰，崇尚简朴，因此震教在美国发展出自己独特的建筑和室内风格，成为美式田园的灵感来源之一。

震教的室内完全脱离了装饰，墙壁刷成白色，并且沿着墙钉着小钉子，便于挂上不用的衣服、杂物甚至是椅子。震教带给美式田园最大的影响是家具，特别是各种斜靠背椅、摇椅、编织坐垫的直椅、非常简洁的大工作桌，虽然没有装饰，但是讲究比例的协调与细部的工艺，看起来非常结实，是美式田园的百搭选择。

美式田园的另一个灵感来源是美国的西部文化和乡村度假小木屋，在建筑上有着粗犷大气的显著特征。宽厚粗糙的木板常被用来做木地板和吊顶，粗木梁的房屋结构也丝毫不加掩饰。传统西部装饰手法是在天花板上安装鹿角做的枝形吊灯，现在则多使用木制或者铁艺枝形吊灯，如果想更多地保留原始气息，选用野生动物纹样、树木纹样的枝形吊灯是很棒的选择，同样的主题还可以出现在壁灯、台灯和小吊灯上，增加室内的乡村气氛。

震教的设计通过朴实的造型把木头的美全部表达出来，他们的理念甚至影响了现代主义设计。

粗木梁、大件的家具和毫不花哨的布艺花纹是美国乡村屋的主要标志。

第二章 田园风格   059

（2）美式田园的软装元素

美式古典家具有着特别的迷人之处：颜色低沉、自然沧桑。粗糙的木材用来制作床、桌子、茶几、沙发、椅子等家具，并且不一定要进行精细的上漆或打磨，以保留原始粗犷的味道，有些覆以皮革或者粗棉麻椅面，这样使用起来更加舒适。一些祖辈传下来的家具或者古董是主人的家族回忆和骄傲，会被摆放在显眼的地方，经过岁月磨砺的陈设凝聚起一种历史感。想达到这种效果也可以选择一些经过做旧处理的家具，通过钉痕、虫蛀痕、烟熏痕、马尾痕等特有的做旧技术使其具有了更多的沧桑之感，若有若无的涂饰手法，更接近自然。有时候铸铁也被用来制作桌子和床，但是使用的频率不会很高，只是作为点缀，而非家具装饰的主角。总之，大方的造型、没有精加工的表面、旧痕迹让家居看起来更完美。

旧柜子和一些古老的藏品非常相配，坑坑洼洼的表面和被岁月腐蚀的铜把手，让家具不仅是一件用具和装饰品，更成为记录家族经历的载体。

拼布被和旧时的旅行皮箱子，表达了一种对美国早期生活的欣赏。

美式田园的铁艺拒绝琐碎的花纹，配上鹿角烛台和黄铜台灯，彰显一种庄园主的霸气。

美国延续了英国的乡村传统，壁炉往往是客厅的活动中心和视觉中心所在，只是与英国文雅的风格不同，美式田园的壁炉材质偏爱粗粝的石头、天然石材或仿古面砖。现代的平板电视可以安装在壁炉边，搭配一套舒适的组合式沙发或一对厚实的躺椅，如果想狂野一些，还可以配上兽皮或鳄鱼皮纹样的毯子。

线条简洁的沙发和墙面衬托出狂野的豹纹抱枕和鹿头。

用箱子做茶几是田园风格最常用的装饰手段，带铆钉增加家具的质感和层次。高贵的皮草和紧致的粗麻面抱枕体现出生活的品质。

带有印第安花纹的沙发和热烈的红色准确地传达出客厅的美式田园风格，棋盘格的皮矮几和细腻的青瓷台灯因其精致而提高了整个空间的细腻感。

高高低低的布置，无论陶器还是金属都统一在灰黄色调和暗哑的质感中，粗陶器斑驳的表面在昏黄的灯光下散发出历史的光芒。

高大的植物和古罗马式的大花盆，比其他装饰品更能凸显空间的自然和大气。

粗制的木头饭桌、藤编篮、藤椅面和蓝色的格子布地毯，共同营造出一个经典的美式田园餐厅。

牛皮灯罩、皮革饰品和鹿角常被用来作为单独的装饰，激起人们对美国西部的无限遐想。如果想温和一点，美国本土织毯或者波斯地毯配上硬木地板也很漂亮，手工柳条篮子或工艺品则体现出震教传统。一些多彩的印第安装饰和印第安纹样的织品，能带来浓郁的民族风情，活跃了低沉的色调。粗陶器和带有美国西部文化印记的小装饰品特别能配合以木头为主的硬装和实木家具。美国还有特别的传统工艺绗被——一种把各式图案的碎布拼接在一起的被子，今天这种形式也被用来制成抱枕或其他布艺品，成为美国传统工艺的独特代表。巨大的盆栽带来一种室外的观感，也配合了美式田园不拘细节的个性。

美国早期的庄园主因为怀念远在彼岸的英国家乡，非常热衷于追随英国流行的室内风格，因此，美式田园也不缺乏它精致华贵的一面。精美的铜器、陶瓷和玻璃器皿，这些来自欧洲大陆的陈设也会被融入到美式田园中，不过少了柔媚而多了大气。

斑驳的钟面、
掉漆的烛台和
随意搭放的马
具，说明了主
人的个性是如
此不羁。

4 法式田园

（1）法式田园的色彩

　　法式田园风格犹如一块亮丽多彩的调色板，它是来自对法国南部充满阳光、鲜花和芬芳空气的追忆。颜色是格外重要的元素，因为人们通过这些高饱和度的颜色搭配去辨认和感受这种风格，也让这种风格充满激情的魅力。

　　典型的颜色有薰衣草的淡紫色、茄子的深紫色、向日葵的中黄色、草绿色和天空海洋的蔚蓝色，这些颜色共同创造了一种明亮活泼的氛围。

红色和黑色是经典的，也是大胆的搭配，线条利落的黑色灯罩更加强了这种酷酷的感觉。

田园风格的软装不一定都是复杂的，多年收藏的陶罐，一把热烈的鲜花和一面亮丽的马赛克墙效果已非常动人。

小面积的几何花纹配上大面积的纯色，高纯度的红色点缀其中，创造了一种干净利落的视觉效果。

玫瑰红是难以驾驭的颜色，但使用得当效果非常出彩，浓郁的紫色和土黄色衬托出玫瑰红的异国情调，黑色和深褐色则平衡了这种过于艳丽的元素。

大木柜和涂有漆画的柜子都是法式田园最常用的收纳家具，配上摩洛哥风格的颜色或者充满活力的花草抱枕，营造一种有别于传统田园的另类效果。

（2）法式田园的家具与装饰品

法式田园家具不用那么精致，最好保留材料原来自然的粗糙感，松木板拼装的日常家具样式简洁，刷上白色或者草绿色，使其看起来十分休闲，充满亲和力且容易打理。搭配着室内其他艳丽的颜色，给人一种热烈积极的感受。经典的法式田园家庭总要有一张硕大厚重的饭桌，配上缠绕着植物花茎的椅子或长凳；卧室里配有饰以雕刻图案的大衣橱和四柱床——这是来自法国贵族的习惯。

法式乡村家具经常呈现出一种风化的效果，洗白效果的家具、剥漆处理的蓝色或木色的椅子是最经典的样式。许多农场家具用非常厚的木板制成，仅仅是进行粗削处理，呈现出表面凹凸不平的特殊效果。

受到法国古典主义的影响，法式田园也酷爱四柱床及床尾榻。

铸铁工艺的栏杆、台灯、桌子是法式田园的常用装饰品，除此之外，铁艺还应用在一些配件中，如时钟、镜框、花器，与主要家具相互呼应。特色的法式田园工艺品和配件包括了小麦杆、薰衣草花环、公鸡玩偶等，一把紫色的薰衣草会让人真的以为来到了普罗旺斯，而向日葵配大粗陶瓶则能让人一进门就感受到法国田园的热情。雄鸡图案是法式田园一个重要的母题，你可以从织物、墙纸和小装饰物上面发现它的踪影。一个铁艺雄鸡风向标则向人表明你是法式田园的拥趸。

从田园图案挂钩到调味瓶，从储物格到杯垫，每一处都是设计师演绎田园风格的好地方。一些旧物或者进行做旧处理的小物件更符合要求，因为小小的不完美令你的田园风格看起来充满了故事。

颜色是法式田园的灵魂，但是滥用色彩或者完全没有主导色的软装配饰是不可行的。

田园式织物的花纹： 田园风格的织物是所有软装风格中最多样化的，它们同样强调活力和自然，棉布、薄亚麻布和绒绣被广泛的运用到抱枕、窗帘和坐具的覆面中。

植物类：从小碎花到造型硕大的百合、玫瑰或矢车菊，这是田园织物给人们最深刻的印象。色彩鲜艳的罂粟花和向日葵具有法式田园的热情；橄榄叶和葡萄藤则是最受欢迎的叶子花纹；像薰衣草和迷迭香这样的香料植物也是常用的图案元素。其他常用的图案还有桃金娘叶、玉米、水果、蔬菜。比较特别的有来源于皇家和贵族的鸢尾花图案和佩斯利涡纹旋花纹（佩斯利涡纹旋花纹的图案多来自菩提树叶或是海枣树叶，而这两种树具有"生命之树"的象征意义，因此这种图案具有一定的神话色彩）。

生活类：公鸡图案表现了法式田园的农场动物，狩猎和骑马则是英国绅士的最爱，小船、教堂、农舍或街景，这些反映旧时乡村生活场景的图案也很受欢迎，让人身居室内却联想到郊外生活的情趣。

条纹、格子类：最简单百搭的条纹是蓝色与灰色相间的条纹，或者是在浅色麻布底上，点缀黄色、粉红色、绿色或者灰褐色的条纹，且这些条纹宽窄不一。英式田园的格子图案源远流长，不同的格子图案原先是不同家族的代表，那些不同颜色和不同粗细的交叉纹样，现在则演变为各种经典样式，成为英国文化的一部分。

蕾丝纹：蕾丝是非常受欢迎的田园风格窗帘，淡雅的颜色有利于自然光的引入，而白色和米白色则是最经典的颜色。它既可以单独挂起来，也可以和厚一点的布帘组合成双层窗帘。

刺绣类：刺绣主要应用在抱枕上，如果你的预算足够，刺绣窗帘能制造一种更丰富的层次感。

窗帘式样的选择要根据自身的喜好、窗户的大小以及空间的整体感受来定夺——一般来说，长窗帘显得正式，短的则显得休闲。

草绿色的华盖为卧室注入大自然的清新，手工绘制墙纸的纹样布局可以根据需求做个性化的设计，避免机器印制墙纸的一成不变。

沙发的颜色和纹样颇有艳俗艺术的审美倾向，遮阳蓬的内置给人以奇特感，也暗示了人在落地窗前的活动范围。

　　4 法式田园　　　　5 韩式田园

- 韩式田园的窗帘以落地开合帘为主，为了增加效果，要配上帷幔、垂花饰、绑带等装饰。

- 如果你不希望你的韩式田园过于柔美，可以安装与家具同色系的百叶木窗。

- 可以为窗帘和有帷柱的床增加一层半透明的纱质布艺。

- 摆件要小巧精致，一些造型可爱的现代产品也是不错的选择，插花和花瓶应以粉嫩的颜色为主。

双层开合帘功能强大，褐色带来朴实的韩式田园感。

韩式田园风格的家具比起其他田园风格的家具简洁得多，因此花花草草的小物件和一系列的抱枕是丰富视觉的关键。

白色的储物架和小桌椅代表纯洁，花草纹是韩式田园永恒不变的装饰主题。

6 厨房与浴室

（1）厨房

虽然今天的烹饪习惯及设备与以前的乡村有很大不同，但是田园式厨房的软装还是要立足于怀旧浪漫美学的应用，复古砖、木板和石头是田园式厨房的标志。

田园式的厨房要尽可能地采用自然光，虽然这要求减少或者放弃吊柜，不过开放式的货物架才是田园式的储物方式；另外冰箱、烤箱、抽油烟机等现代化的厨房设备要用面板遮挡，并用陶制的水槽代替不锈钢水槽，这样才能营造出一种古老田园的气息。

田园式厨房最基本的装饰要素就是开放式的货物架、吊顶餐具架和墙面锅架，各种各样的厨房用具挂在其上，琳琅满目，特别是锃亮的黄铜锅具，最能体现出乡村人对生活的热爱。各式盛放食材的陶罐或者玻璃罐，整齐地摆放在货架上，把食物也变成装饰的一部分，简朴的藤编食品篮除了方便装各类蔬果外，本身也是很有味道的装饰。窗台或者灶台上可以放一些小巧的绿叶植物，以凸显田园的清新感。

田园式厨房的突出特点就是怀旧，所以如果你的餐厅里有一些可以提示过往经历的装饰会非常好。例如，深色大木桌、高背椅和藤编椅面，摆上几本菜谱、瓷器或者家人聚会时的照片，都有助于营造一种纯粹的田园氛围。厨房和餐厅里的窗户可以采用只遮挡窗户下半部的半截帘，为厨房和餐厅创造一种轻松的气氛，更方便室外阳光照射进来，为室内增添生机勃勃的光彩。

以带大理石板覆面的柜子做独立的料理台是田园风格厨房常用的手段，莨叶的柱头饰运用到橱柜中更显其优雅，水果和花卉的瓷砖拼画既能打破白色的单调，又容易清洗。

暗色桌椅符合美式田园的色调要求，大方的植物配置和烛台比纤细的陈设更适合美式田园的气质。

素雅的颜色搭配，充满田园风味的绣花、动植物和乡间景观让厨房和餐桌生气盎然。

田园风格常常带有怀旧的气息，旧地板和桌椅看起来让人觉得很有亲和力，一排玻璃灯罩和不带任何装饰的窗帘杆把人带回旧工业时代。

用搁板搭建厨房的储物空间既能有效利用空间，又使空间看起来更开阔，公鸡和一大把植物是法式厨房的必备品，亮晶晶的黄铜厨具会让人爱上做饭。

厨房里设置一两处休息闲坐的地方，可以供人一边烹饪一边交流。椅背有透视感的木雕画十分有趣。

白瓷爪足浴缸是田园风格浴室最常见的软装元素，无论是带有古典意味的装饰品，还是现代风格摆设，颜色一定要以温馨和谐的为主。

铜洗手盆、铜浴缸、铜配件、铜烛架，一致的质感和颜色为这个洗浴空间带来悠悠古风。

（2）浴室

淡雅自然的颜色是田园浴室墙面和地板的固定元素，所以浴室丰富的视觉效果要通过配饰来实现，毛巾、窗台用品、浴帘决定了软装的主要色调，而且主人能根据自己的爱好定期更换这些配饰，以创造不同的装饰效果。

如果空间允许，可用落地帘代替百叶窗，在材质上，蕾丝和编织花边、亚麻布、薄棉布能使人感受到室外阳光的明亮与轻柔。如果空间受到限制，而又考虑到私密性

的需要，百叶窗和竹卷帘也是一个不错的选择。

松木或者胡桃木的格子架以及装有木门或者玻璃门的柜子可以用来收纳，带有木柜门的洗脸盆柜子既好看又便宜，洗手盆上方

纯粹的直线不适合田园风格，无论是植物墙纸、树木镜框还是贝壳洗手盆，设计师总要想办法把自然界的元素引入到田园家居的配件中。

可安装样式古老简朴的镜子以取代镜柜。

　　古老的灯具（枝形吊灯和烛台）为浴室引入华丽的田园风格。而吸顶灯和轨道灯则更适合现代风格的室内设计，与田园装饰格格不入。确保五金配件的造型经典简朴，磨得光亮或者古旧的花纹外表能使浴室五金配件充满田园范。别忘了购买成组的沐浴液瓶和肥皂盒等配件。

　　过于精美的白瓷浴缸或者豪华的浴室装饰当然不属于田园风格，爪足浴缸是最典型、最传统的田园浴缸，或者一个有着斑驳印记的铁艺浴缸也是不错的选择。在浴盆旁边摆一张小椅子用来放毛巾，甚至是香薰或饮料，就能让你的浴室里变成一个放松心情的场所。

7 案例赏析——西部追忆

设计师: Lynne T. Jones

本案是一个非常典型的美式田园风格设计，具备了美式田园的所有基本元素，粗犷的气息扑面而来。无论设计师选择何种软装饰品，它们都保持在一个较为统一的色调中，没有什么东西的颜色或花纹是突兀的，包括酒红色的沙发和洗手间的绿色墙纸，这组互补色因为统一在一致的灰度中，所以它们显得无比和谐，又不会因为一成不变的中性色而让人产生视觉疲劳，这是设计师的秘诀之一。再譬如地毯的选择，客厅、卧室和开放式厨房的地毯尽管花纹繁复，但因为风格相同，从而保证了空间感受的连续性。

第二个秘诀是松木板的使用。除了充分利用建筑墙体的松木质感与粗粝石头之间的呼应之外，厨房也大胆地使用了不上漆的粗刨松木打造的整套厨具，不加任何装饰，仅以简洁的圆形把手作为点缀，像两只小眼睛般，还有什么比这个更能充分体现出主人不羁的性格呢？

正如前文所提到的那样，棕色调统治了整个家居的色调，这在灯光昏黄的客厅表现得尤为明显，加上沙发和X架凳所采用的短绒覆面材质，更加突出温暖的感觉，吸引人们去触摸、体验这种温暖。客厅以鹿角灯、鹿头装饰和兽皮地毯作为主要的装饰，无论是从面积上还是形象上，都凸显出美国西部的风格特征。因为客厅的大部分材质都是吸光材质，需要一些光泽度高的小陈设品作为点睛之笔，所以条形桌上以黄铜台灯和黄铜烛台作为装饰，而不是其他材料的陈设品。

开放式厨房是大多数美国家庭都会选择的厨房布局方式，这是因为在二战后，更多的妇女走出家庭参与工作，为了让她们可以一边做饭一边照顾小孩，开放式厨房应运而生，当然这种厨房也只适合油烟较少的烹饪方式。中间的收纳柜既可以做餐台又可以做料理台。天花板上的锅具架、后面的书柜和随意的插花都增加了轻松的气氛，厨房不仅被打造成一个可以做饭，更可以研究厨艺、放松自己或者和家人交流一天见闻的地方。田园风格一个明显的特征就是把餐具作为装饰品，黄铜和陶瓷的餐具没有被刻意地摆放，既方便取用又是凸显个性的装饰。

厨房旁边的小起居室延续整体轻松的风格，与客厅相比其装饰元素更少，因此每一件实用的器具都经过了精心的选择，起到了装饰的作用——用箱子做茶几是田园风格惯用的手法，壁炉档上面铸造着精美的图案，黄铜承木罐器形优雅，毯子和酒红色的沙发则构成了活泼的色块，而墙上的装饰画一致反映了美国19世纪的绘画风格和题材，引起一种关乎文化的遐想。

浴室的设计充满图案，绿色的壁纸、金色枝蔓的镜子，配合枝形吊灯和壁灯的烁烁灯光，营造出一种庄园大户的华丽感。完全对称式的设计加强了端庄感，使浴室的设计显得奢华而不流于轻浮。因为洗手间的风格偏向豪华，如果再使用松木板的洗手柜就会显得非常不合时宜，因此选择了美式古典风格的大理石覆面实木柜。

雕塑、装饰画和马赛克灯等形成了一个稳定的不等边三角形构图，装饰非常节制并传达出这种稳定感，而绿色植物则像一个点，为整个环境带来活力。

端景墙的装饰元素很少，只有简单的牛仔帽，因此选择一张精美的沙发以打破单调就变得尤为重要。

　　卧室注重的是各种花纹布艺的搭配，小花纹床单配合大花纹的地毯，小花点花纹椅面配合绣花抱枕——体现简与繁节奏控制的智慧。直线条的床、条纹窗帘和古朴的台灯最后平衡了整个空间的柔媚，使之不显得太腻。点缀在木制家具中的纤细的铸铁花纹给人带来新鲜感。

8 案例赏析——英式优雅

项目名称：塔珀湖居
设计公司：卢卡斯－艾勒斯设计机构
摄影师：Hickey　Robertson

本案例是典型的英式田园风格，在硬装上，砖和木头的组合体现出一种乡野的趣味性，在墙面奶油色和淡蓝色的基础上，如何把业主的收藏品融合到软装中，同时符合现代的生活需求，是本案软装设计师首先要面对的问题。

家具：业主收藏了许多优雅的家具，它们大多是威廉·莫里斯、赫普尔怀特的作品及那个时代的乡村家具，没有雕龙画凤般的装饰，风格的统一使房间避免了不搭调的尴尬，使用起来也非常舒服。

窗帘：设计师擅长用窗帘来丰富空间，四个不同的空间分别使用了不同的窗帘样式，包括了正式客厅的穿杆式窗帘、非正式客厅的盖住檐口的波状花边、正式餐厅的金斯顿式帷幔和非正式餐厅的罗马帘。那些结构复杂的窗帘适合用在正式的空间中，而像罗马帘这样的"小清新"则更适合喝个下午茶、聊个天的非正式餐厅。

工艺品：无论是正式客厅茶几上各种木制的盒子，还是模仿青花瓷的英式风景瓷器，设计师都按类别把业主收藏的工艺品集中摆放，就是为了体现业主收藏的系列性。对于空间不大又较为正式的房间，一面镀金框镜子气场已经足够，无需其他的装饰画。

墙纸：设计师首先确定了墙纸颜色
和纹样选择方向：必须大胆、充满活力，
因为主要家具以传统样式为主，这样的墙纸
能够添加趣味和增强家的感受（可以把地毯看
做地板的"墙纸"，其设计原则是一样的），它
们之间的紧密结合更添加居室的美丽和愉快。

太多的植物纹样使人烦腻，因此设计师为正式餐厅选用了具有异域风情的中国图
案墙纸，墙纸白色的底色增加了室内的亮度，和客厅椅面的图案风格一致，并吸引人
们去研究图案上的具体内容，同时提示了欧洲的图案设计曾经受到中国元素影响的历
史。

花艺：花艺为家居带来勃勃的生机，根据家具、陈设品的布局与造型的不同，花材的选择与设计也不尽相同。正式客厅横向上的家具和陈设品比较密集，所以花枝的竖向线条打破了水平视线空间的局促，花枝间的空隙给视觉留下呼吸的空间和畅快的观感，张弛有度，相辅相成。客厅和正式餐厅插花的球形形态，是考虑到人们从桌子四面观赏花球的需求，雍容的月季及其饱和的色彩，特别适合花哨的墙纸和地毯。为了配合矩形的餐桌，非正式餐厅的插花选用了同样的长花器，看似随意插上的花材和新鲜的蔬果让人感受到自然的美好。

第三章
地中海风格

1 定义

地中海这个世界上最大的陆间海，自古以来就是兵家必争之地，地理上被欧、亚、非三洲围成一个圈，沿岸民风各异。不过海洋的熏风浸润了这里的建筑和家居，特别是地中海欧洲一岸的西班牙、法国、意大利、希腊的住宅，清新爽朗，既挡住了炎炎烈日又包容了习习海风，于是形成了自己特有的地中海风格建筑和室内装饰风格。来自美国的设计师大叹地中海风格给同样炎热干燥的加利福尼亚开了一剂良药，富豪们更为其添加了华贵装饰。带着海风的地中海风格在加州发扬光大，尔后走向世界。

2 色彩

柔和的色彩是地中海闲散生活的写照，蓝色和白色是最经典的地中海色彩搭配，传达来自海洋、蓝天和沙滩的感受。白色的外墙、灰白色鹅卵石铺成的小路、刷成蓝色的门和窗户，在希腊的日照中泛着白光。室内配以各种以蓝白色调为主的装饰品，太复杂的颜色搭配会破坏这种单纯感，亦没有别的色彩比这种颜色搭配更能在夏天为人带来舒爽凉意。

作为基督教、犹太教和伊斯兰教的起源地，地中海有着复杂的历史和文化，它们为地中海风格的室内设计披覆上不同的外衣——托斯卡纳风格偏爱温暖的米黄色；摩洛哥、西班牙和法国南部则喜欢浓郁多彩的颜色，赭红色、中黄、绿色、紫色等显示了来自陶土和植物丰富色彩的影响。西方文化和伊斯兰文化的交融，让地中海风格呈现出不一样的倾向：希腊风格强调的是蓝与白的纯净感，托斯卡纳风格具有欧洲大陆的田园风，摩洛哥风格室内会有更多的伊斯兰花纹，而西班牙风格则是欧洲古典风格和伊斯兰风格的混合。

深邃的蓝和纯净的白色塑造了一个沉着宁静的世界，床上用品和抱枕装饰着海洋的元素，仿佛是远航归来的主人在这里追忆自己的冒险经历，是旅程的沉寂。

高纯度的黄色和蓝色对比激起人热烈、高昂的情绪，连白色的床单和家具也吸收了温暖的环境色，配合质感给人放松的感觉。

床单绿色的花纹呼应绿色的陶瓷地板，彩色的椅子和床头为白净的墙面带来活力，简单的组合让一切显得干净利落，因此人们在环视室内后会把视线集中到墙上的植物，实际上连同壁龛的形象都是画上去的——设计师的视觉小把戏总能让人会心一笑。

暖黄色系营造出一个典型的托斯卡纳风格的室内空间，木头、陶罐和向日葵天然色既丰富了室内的色彩，又不显得突兀，沙发和抱枕的草绿色作为冷色减弱黄色带来的扩张感，同时暗示了自然的元素。

黄色漆的餐椅在空间中非常显眼，格子和玫瑰花纹样带来自然生命的气息，斑驳的漆痕十分自然，毫无做作之态，飘窗承担起沙发的功能，布垫、抱枕也选择了与餐椅同系列的颜色。

<u>3</u> 家具

原色木、藤和铸铁是地中海家具的主要材料，不过地中海的工匠们追求的不是华丽夸张的装饰，他们考虑的是如何表现质感本身的美感，用简单的线条和低彩度的颜色传达大自然的真理。

木头家具要展现出略显粗糙的手工痕迹或故意做旧，充满了质朴的美好气息；铸铁家具和美国的粗犷不同，善于用纤细的线条表现家具的结构而显得柔美清新；藤制家具则显得浑圆；在水泥浇筑而成的墩上加上布垫和布毯是地中海地区特有的方式，厚实的布艺沙发也有相似的效果。

地中海家具抛弃了浮华、琐碎的装饰，只是在一些局部采用卷涡或栏杆柱这样的经典装饰，看起来十分休闲，充满亲和力而且易于打理。马赛克桌子是倍具地中海特色的家具，与其他地中海家具相比，其色彩和光泽起到了为柔和的室内增加光辉的作用。

在托斯卡纳风格温暖的米黄色中，浑圆的藤制家具让人联想到当地淳朴的民风，橱柜继承了欧式风格的基本样式，但是抛弃了复杂的装饰而强调了直线造型和平整的表面，一个藤制小储物箱既方便使用也显示出一种随性的生活态度。

没有上漆的松木扶手椅似乎正在散发着森林的味道，它和麻布窗帘那种浅浅的粗糙感，共同营造出一个充满质感的空间，长书桌和玻璃瓶都保留着使用的痕迹，使岁月的美停留在这里。

铸铁和铁皮制作的家具小配件，无论是结构还是质感，在棉布的映衬下都给人一种清爽的感觉。

4 装饰品

最常用的地中海装饰品包括:

(1)与海洋主题有关的各种装饰品,如帆船模型、救生圈、水手结、贝壳工艺品、木雕上漆的海鸟和鱼等。

(2)独特的锻打铁艺工艺品,特别是各种灯具、蜡架、钟表、相架和墙上挂件。在拱门和马蹄状的门窗中,铁铸的把手和窗栏特别能突出建筑浑圆的造型和粗糙的质感。

(3)彩色瓷砖、小块的马赛克镶嵌或拼贴在地中海风格中算是较为华丽的装饰,在室内应用能呼应赤陶或瓷砖材质的硬装。丰富的颜色和灵活的造型手段,使马赛克广泛应用在墙面、镜框、桌面、灯具等装饰中。

(4)地中海陶瓷通常分为两种,一种是质感粗糙的赤陶,它们因为所用陶土的不同而呈现出不同程度的赭红色,通常被用来种花或装水;另一种是上釉的瓷器,在白底上用浓郁的颜色画出各种形象,为了配合作为餐具的用途,图案通常是鲜果、植物的形象,这也成为这种陶瓷风格辨认的关键。

(5)地中海充足的阳光通过鲜花和蔬果带到日常生活中,向日葵、薰衣草鲜艳的颜色为室内带来蓬勃的活力,生活在地中海的人们喜欢把大盆的新鲜蔬果摆放出来,展示了人们对自然馈赠的感恩和对生活的满足。

(6)木制和藤制的各种生活小用品,如果盆、大盘子、收纳盒等,既实用又能突出诗歌般的田园气氛。

蓝白相间的陶瓷是希腊优雅浪漫形象的写照,和一朵小绣球花形成刚与柔的对比,以海洋、地中海植物和古典瓶画人物形象为图案的陶瓷更凸显出希腊的文化特征。

地中海地区一直有用壁画装饰住宅的传统,立体感强的绘画手法和海边乡村的风景主题从视觉上延续了室内空间。

松木做成的相框用漆涂上五颜六色的图案,在它们的包围中天蓝色的黑板框和木面时钟显得非常特别,浓浓的地中海乡村风情扑面而来。

贝壳做成的镜框是海洋地区颇具特色的工艺品，在冷色调的托斯卡纳陶瓷中，柠檬的明黄是点亮视觉的一簇火苗。

5 布艺

地中海风格是一种讲求天然舒适的风格，随意简单的工艺方式最好带有强烈的手工痕迹。以窗帘为例，圆环穿杆式的悬挂方式应用最广，而复杂的檐口、垂花饰华丽的气息则与简朴的布帘格格不入，窗帘杆多是细细的黑色铸铁杆，既朴素又容易保养。其次使用得较多的是罗马式平面帘和木质百叶窗。抱枕则鲜有流苏、纽扣、刺绣等装饰，主要是靠颜色和纹样的搭配来制造视觉效果。

棉麻的布料最能搭配粗粝的灰泥面和各种瓷砖，轻纱则能有效过滤阳光而不挡住气流。素雅的条纹图案毫无疑问是最被认可的纹样；海洋是灵感的重要来源，所以希腊地区的布艺总少不了各种帆船、鱼虾、贝壳的形象；来自山地的植物，如柠

蓝色和绿色是和谐的邻近色，设计师在和谐中寻找微妙的变化，竖条、波折纹和花卉图案在一个局部奏响颜色和花纹的协奏曲。

檬、橄榄叶、爬藤等都是布艺艺术家灵感的来源；一些古老的图案，不似欧式风格和田园风格的复杂，通常是朴素的、几何形状的装饰图案，结合图案化的植物纹样变幻出无尽的美丽。

在室内布艺的应用上，除了常用的抱枕、床上用品和窗帘外，地中海风格经常使用各种披毯，随意地披在桌子、沙发或者床上，能增加轻松的气氛。

这两间蓝白色调的起居室是地中海风格结合都市风格的样本，左图通过不同调子的蓝色，特别是布艺沙发饱满的造型和色调的变化，弹奏出蓝色的协奏曲；右图在蓝与白中点缀鲜艳的橙色，显得明艳动人。

棉质织物的图案大多是条纹、简单的几何形状或传统的团花图案，蓝色、灰黄色和中性色模仿天然的色彩，给人带来亲切和舒适的感受。

6 打造地中海阳台

一个空间开阔舒缓的庭院、阳台或露台，给地中海炎热的夏天带来凉爽的惬意。阳台的墙体通常是以石头砌成或敷以灰泥，因此我们要通过使用一些配色装饰突出效果，在和室内主色调保持一致性的基础上多选用活泼的颜色。狭长高大的百叶窗是阳台的经典装饰，蓝色和白色都是很好的选择，如果你的空间是摩洛哥式的，可以选择红褐色；如果你希望自己的百叶窗看起来更有个性，可以做一些剥漆的处理。

植物装饰应该避免给人带来严肃的感觉，多利用植物自然的长势来营造清凉和舒适感。颜色鲜艳的花朵和各式花器也是地中海阳台的必备，粗陶花盆、水

粗陶盆和各种铁艺油灯是典型的地中海符号，如果你想坐得更舒服点，靠背椅和铁艺椅是不错的选择。

　　轻纱与麻布拼接条纹窗帘是全屋主要的窗帘样式，同样适合厨房干净利落的线条，葱郁的绿色植物可以调节厨房的油腻的形象。餐厅与厨房之间的拱窗因为摆放了造型大方的陶瓷果盆，而使视觉有了集中点，色彩鲜明的地中海陶瓷大大勾起了人们的食欲。薰衣草、油灯和水果象征着地中海田园富足休闲的生活。天蓝色条纹的布艺餐椅给暖色调的空间注入一股清爽的海洋流。

抱枕和披毯的布料采用与客厅相同的织物，对称的铸铁床头以浅浅的壁龛为背景，柔美的线条和拱形相呼应，窗帘选择华丽多彩的鲜花图案，与整体的纯色调形成对比，让卧室显得更加活泼。书房的竖条墙纸在视觉上抬高了天花板，减弱了书房不规则平面给人带来的空间不够宽阔的感受，帆船模型和精装书营造出一个睿智主人的形象。

这是一个典型的巴黎20世纪30年代的装饰艺术风格室内设计，高大的墙面用带闪电感的几何图案墙纸装饰，屏风绘画上的圆形和三角形则呈放射状。

唐纳德·迪斯基所负责的"无线电音乐城"室内设计是美国装饰艺术风格的高峰，曼妙的墙壁装饰及灯光表现出豪华夸张的气派，配合电影的无穷幻想，使其精神的享乐延伸至室内设计与建筑。

<u>1</u> 定义

　　一战后的欧洲力图找到真正的"现代化"设计，而法国在新艺术运动的影响下走上一条与纯粹现代主义者不同的道路：设计师既为各种工业成就感到兴奋，又不愿抛弃法国人对装饰的热爱，因此他们把"现代"诠释成一种充满弯曲线条的、边缘锐利的几何造型，并运用在法国的产品、服装、绘画和室内设计中。1925年巴黎的工业产品艺术装饰展览会确定了把这种风格称为"装饰艺术"，实际上，此届展览会也成为了这一风格的庆祝大会。

　　20世纪20—30年代，在巴黎刮起了装饰艺术旋风的同时，这种风格传到了美国，而纽约的摩天大楼、好莱坞的霓虹灯和迈阿密温热的海风则造就了一种活跃的装饰艺术风格。其大胆的用色、放射状或锯齿状的几何造型、闪闪发光的表面，正适合用来表达一种新时代的信心和速度感。至此，装饰艺术风格便发展成现在人们所熟知的样式——未来派、立体主义等现代艺术为其赞美工业和速度的精神提供了形式；埃及艺术、黑人艺术、印第安艺术、阿兹特克艺术等异族艺术为它提供了装饰的灵感；自然界的树木、瀑布、云朵、植物及动物则为它提供了数不尽的图案主题。

　　随着现代主义逐渐取得统治性的位置，被认为是浮夸的装饰艺术风格也慢慢淡出了人们的视线。幸运的是，由于对多元审美观的认可，人们对能够在简洁造型中引人注目的抽象成分的装饰艺术风格发出新的赞叹，并赋予它比上世纪更丰富的表现形式——设计师在创作中保留装饰艺术风格简洁的造型与图案、材料的对比性、光滑的表面和时髦的装饰，同时汇入更多具有科技感和现代感的设计语言，体现出后工业时代的特点。

2 色彩

  装饰艺术风格的色彩通常由材料来决定，并且倾向用较少的颜色来突出形状。白色、黑色和木色的运用最为普遍，装饰品光洁的表面还赋予了色彩一种闪亮的效果。除此以外，不锈钢、铝、染色或磨砂玻璃、大理石、木材、漆器、鲨鱼皮、兽皮，搭配以铬铁、塑料、亮漆等工业化材料，使当代的装饰艺术风格在和谐的色彩体系中呈现出微妙而丰富的变化。

  20世纪，在美国影响下的装饰艺术风格多采用鲜艳的黄色、绿色、紫色、粉红色等颜色的建筑装饰和浮雕。今天的设计师吸收了其大胆用色的一面，这些鲜艳颜色在象牙色或暗色的衬托下，显示出另类的华贵。

这是一个典型的装饰艺术风格房间，家具方中见圆，镜子有一个曲线的顶部，柜门用渐变的扇形镜面装饰，更重要的是不同深浅的木色泛出柔和的光泽。

象牙色是室内设计常用的背景色，但是用它来塑造个空间则非常少见，床单、镜子和装饰画的螺纹显示了图案主题，而贝壳床头微妙的拐弯显示了装饰艺术风格是如何通过细节来打动人的。

统一平滑的质感带来高度的工业感，而节制的装饰则突出整体的冷色调和空间的冰冷刚硬之感。

黑白搭配形成了图案化的空间表面，定制的白色长沙发豪华大气，茶几光滑的金属表面映着地毯上的豹纹，和茶几本身的暗纹交织在一起。

在暗色的背景下，抽象画的荧光感更加强烈，与背景色相同色调的暗花纹丰富了软装的质感与细节。

3 家具

　　装饰艺术风格的家具是轻快的流线型和精致细节的结合，一些斜线和三角形被反复地运用到造型中，几何图案的交错排列展现装饰美感。和现代风格纯粹的直线或严肃的形式感不同，装饰艺术风格还是希望传达舒适的感觉，因此家具的转折部位都做成圆角。

　　在对装饰艺术家具原材料的处理手法上，木头或玻璃表面会被打磨得十分光滑，显示出一种不经装饰的华贵，在现代技术的支持下，许多材料把光亮感发挥到极致，并在局部体现豪华的一面，如皮制的和仿鲨鱼皮、豹纹质感的材料就经常被拿来做座椅的覆面，配合着镀铬的金属框架，制作成装饰艺术风格的标志性家具。

柜子起伏的表面由不规则的三角形构成，厚重的外形带有建筑感，金色的狮子柜脚是装饰艺术风格程式化的动物形象与埃及艺术的结合。

三角形的椅背被一分为二，与倾斜的椅腿一起，均属于装饰艺术风格的形式语汇，柜子的拼花木片柜门同样具有装饰性，柜门上方的装饰带则是交错排列的三角形。

桌面的棋盘格、桌面与桌腿相接处的斜切面，都说明了装饰艺术主义如何通过细节的图案和造型营造出属于自己的风格。

房间的家具的整体选择注重方与圆的搭配，床的顶部和柜子的侧面也是流畅的曲线，使之呈现出柔和的效果。

造型整体简洁的家具通过细节展现装饰艺术风格的特征，圆形节点的凳腿、内凹的柜子面板、带凹槽的床头板以及闪亮的表面带来一种上世纪的怀旧情节。

沙发利用绗缝工艺勒出饱满的方形，给人柔软舒适的感觉，圆形的茶几在方形的大型家具中显得十分圆润，同时呼应了装饰品圆形和有机曲线的造型。

4 装饰品和布艺

典型的装饰艺术风格的织物是大胆的、明快的和抽象的，它们经常把抽象绘画语言借为己用，这些设计利用几何图形、曲线和程式化的花朵、豹纹，编织出图案化的艺术效果。虽然装饰艺术风格的家具多具有闪亮的表面，然而其织物却偏爱温暖的质感，皮草、植绒地毯和精织棉的粗糙手感能够提供一个既奢华又舒适的家。

● **一些著名的装饰艺术主义艺术家及其作品**

{塔玛拉·德·兰姆皮卡}

塔玛拉是当时最有名的画家，她的画大胆地运用独特视角以及丰富色彩，把人物都放在家具、摩天大楼及跑车的背景中，这些人物姿态略有扭曲且带有立体主义绘画的意味。

{索尼亚·德洛内}

索尼亚·德洛内是在纺织品设计方面非常有名的艺术家，她的作品从立体主义和抽象主义得到灵感，用色彩演绎了几何图案，对比强烈，不仅运用在室内的纺织品上，还运用到服装上。

{雷纳·拉利克}

雷纳·拉利克早期是个成功的新艺术主义首饰设计师，后来制造出一系列以模具成形的精美的玻璃器皿和小型雕塑，这些作品外观颜色亮丽鲜艳，如以琥珀绿、透明的孔雀蓝和雾面的玻璃材质来制作，并且主要使用了动物、女性以及花卉植物的重复性图案。

{简·迪南}

简·迪南是当时最成功的漆器设计家之一，她的木质面板漆器强调技巧，讲究色调和细部装饰，她的人物绘画往往以古埃及、日本童话以及传奇中的优雅女性为主题，同时也创作了许多构成派绘画。

用大小不一的圆形镜片做镜框，除了本身的装饰性，也呼应了窗隔板的圆形图案，镜子反射出冷峻的光，和柔韧皮革所形成的材料对比是空间如此迷人的原因所在。

动物雕像，特别是狮子和豹子被看做速度的化身，经常被使用在装饰艺术风格的陈设中，抽屉的面板沿着对角线做凸起的处理，两盏台灯更突出了对称。

豹纹、条纹都喑示着装饰艺术风格的元素，一块鲜红的长绒地毯和几何形落地灯成为了室内的视觉焦点，而来自古老部落的木雕则增加了神秘趣味。

壁挂纤细的线条呼应着柜门上的线条，它们对称且规律的图形渲染出一种雅致的装饰艺术风格美，黑色的灯罩和花瓶更加深了其中的稳重感，与地板和柜子的颜色形成整体。

三角形和圆形的钟具有20世纪装饰艺术风格兴盛时代的特征，牛角台灯和金属工作灯体现出那是对猎奇和工业速度的热爱，铜质大钟那让人眼花缭乱的边框把这个角落的戏剧性带向极致。

　　曲线柔美、动作如舞蹈般的人体小雕塑受到新艺术风格的影响，风格化的狮子或豹子代表速度的追求，镜子是必备的装饰品，与古典主义不同，设计师不再把设计的重点放在镜框上，而是喜欢把镜子切割成不同的几何形状。立体派、早期抽象派、装饰艺术派绘画的强烈效果能在空间中迅速吸引眼光，东方漆器的技巧在20世纪20年代的巴黎广为流行，许多室内摆设如家具面板、窗帘配件和小件装饰品都涂上了亮丽的漆，特别是日本漆画浓烈的装饰味更符合装饰艺术风格的口味。

5 案例赏析——热带风情居

项目地点：美国佛罗里达州棕榈滩
设计公司：坎皮恩·普拉特室内设计公司
摄影师：马克·罗斯卡姆

本案原为1926年的一栋位于棕榈滩的海滨别墅，被建筑师古斯塔夫·马斯改造成一座充满魅力的小屋，成为了一个体现设计规范与装饰的极佳典范。设计师成功地把本案打造成一座地标性建筑，并以此赢得了2008年波利·厄尔设计奖。设计师在室内布局上巧施妙手，把入口装饰得十分雅致，并打通了一连串正式的房间，从而为居住者带来了一种更休闲随意的生活方式。

举目四望，室内全是鲜艳夺目的热带色彩，到处摆设着线条简洁的现代家具。每个房间之间能天衣无缝地过渡，从整体上让人感觉到这是一个充满欢乐的家园。本案不再是一个居住的空间那么简单，设计师把它当作一件艺术品来打造，如此多的陈设品摆放在一起，设计师必须像作画一样，把每一种颜色和造型安排在合适的地方，每一个局部的摆设都要下足工夫。因此，整体摆设就显得高高低低、错落有致。每个空间都体现出复杂的造型与色彩之间的搭配关系，唯有客厅是特殊的，在这里，设计师增添了几抹红色，令人精神为之一振。

镜子的使用是本案的创意所在。镜子不再像在日常家居中那样作为装饰品或实用品被使用，而是化身为屋内陈设的背景。映在里面的陈设与原来靠着镜子的陈设共同构成了一个带有魔幻色彩的场景，其层次之丰富无与伦比。

设计师也不满足于固有的风格语汇，他如艺术家一般，所有的元素信手拈来——透明塑料、玻璃、不锈钢和棉麻布的组合突破了人们对质感的惯常体验；古典风格的雕塑和具有工业感的光滑面板搭配在一起，彰显出新奇有趣的一面；日本盆景摆放在欧洲风格的空间里；新古典主义的《马拉之死》经过立体主义手法的"变形"，以一种前所未有的面貌出现在人们面前。这些手段所引起的视觉效果与居住者的心理期待，以及审美习惯之间的冲突，将带来全新的审美感受，而装饰艺术风格对于室内设计的重要意义也被淋漓尽致地发挥出来。

第五章
现代风格

1 定义

谈起现代风格，人们总会想起包豪斯和提出"居住机器"这样观点的柯布西耶，然而早在19世纪90年代，来自苏格兰的麦金托什、维也纳的分离派和美国的芝加哥学派已经厌烦了无止无休的古典主义装饰，要求一些简单点的装饰，或隐约觉得直线也是一种不错的形式，或者像沙利文一样认为"功能决定形式"。始于1913年的俄国构成主义、1917的荷兰风格派和1919年的德国包豪斯学院，把这种设计的目的确定下来，现代主义诞生了，而谁也没有预想到它会演变成一种国际性的风格。

二战对包豪斯来说既是一个坏消息，也是一个好消息，它被迫关闭了，但是许多有影响力的建筑师和设计师来到美国，在二战结束后，依靠美国的经济实力和地位，现代主义不仅成为欧洲和美国最受欢迎的风格，也统治着世界上其他正在迈向现代化国家的室内设计。

麦金托什为1879年建成的山屋所做的室内设计，虽然他处于新艺术时期，但是作品强烈的直线感显示他比同时代的设计师更有远见卓识，直至今天，这样的作品看起来依旧让人充满新奇感。

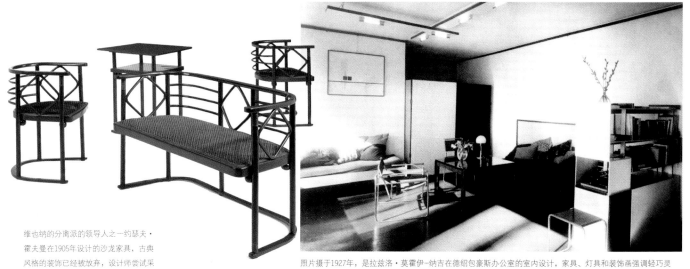

维也纳的分离派的领导人之一约瑟夫·霍夫曼在1905年设计的沙龙家具，古典风格的装饰已经被放弃，设计师尝试采用重复的几何图形来制造美感。

照片摄于1927年，是拉兹洛·莫霍伊-纳吉在德绍包豪斯办公室的室内设计，家具、灯具和装饰画强调轻巧灵活和几何形式。

弗兰克·劳埃德·赖特为单层别墅所做的室内设计，赖特强调横向的直线以及采用自然材料，实现形式和舒适兼有的设计目的。

20世纪60年代的西方弥漫着一股玩世不恭的气氛，波普那些快速消费的图像和色彩刺激设计师的审美观，特别是意大利的设计师创造了许多多彩的、可以灵活组合的家具，从此以后灵活和欢乐便开始融入现代设计之中。

20世纪70和80年代，现代主义发生了许多看似荒诞其实有益的变化，一方面对科技的信心使室内设计中的机器文化得以强化，冷静的线条和金属的灰色带来工业美感，连依姆斯这样的有机主义者都把自己的家设计得像一个办公室。另外一些设计师厌倦了乏味的直线和灰色，呼吁设计师要打破功能主义的条条框框，采用新造型和新色彩，这就是被称为后现代主义的一次运动——尽管观察他们的室内作品，你会发现依旧建立在现代主义的框架上。

埃托·索托萨斯设计的卡尔顿书架，形式大于功能，是修正现代主义牺牲美学、缺少人情味的探索。

查尔斯·伊姆斯为自己的家所做的室内设计，屋顶的结构完全暴露出来，所有装饰都被视为构成结构的一部分。

后现代主义第一人罗伯特·文丘里为母亲别墅所做的室内设计，看得出后现代的室内设计依旧是建立在现代主义的框架上的。

从20世纪90年代到现在，后现代主义因为昂贵的造价和无法持久的形式而没有壮大，许多设计师回归到今天的现代主义风格，但是其意义是非凡的，人们再也不愿意用单一的眼光去看待现代主义，前人的探索给我们留下了一堆多元化的设计语汇。

最后，我们不能忽略现代主义的探索是基于这样的伟大梦想，即脱离浮躁的装饰，让简单而有力的形式帮助我们去发现最本质的美，继而在里面寻找什么才是社会和自己最终需要的。另外，生活在一个舒适、健康的家里不再是有钱人的特权，现代主义通过简单的造型、丰富的材料和对功能的体贴设想，降低了设计成品的价格，尽管有些作品还是用昂贵的材料做成，但是现代主义比过往的任何风格都要更容易实现。现代主义便是用这样的方式来分享20世纪最有价值的观念——民主精神。

2 色彩

　　现代风格对色彩的包容性在各种风格中是最大的，尽管人们常用的是黑、白、灰色系和木色系，但在北欧风格和后现代主义的影响下，色彩丰富的现代风格也开始出现了。不过现代风格的用色自有自己的规则，一般来说，室内不会超过2~3个主色调，复杂的花纹或者颜色必须控制在很小的范围内，比如一个抱枕、一张画或一张椅子中，而不像古典风格一样让花纹满布在各种家具和工艺品上。

　　另外，设计师喜欢像看待一副构成主义画作一样去看待室内的颜色分割，像蒙德里安那些冷抽象作品一样理性地思考每个颜色所占的面积和形状，以及它们之间的关系。极简主义则严格地运用极少的颜色，一般是白色、米黄和灰色，在此基础上加上一到两个大胆的颜色作为点缀。至于"白色派"，就像它的名字一样，基本什么都是白色的。

无论颜色、质感或灯光，都旨在创造一个温馨的、怀旧的氛围，植物和动物的形象把人引到设计师感兴趣的、对大自然的想像中。

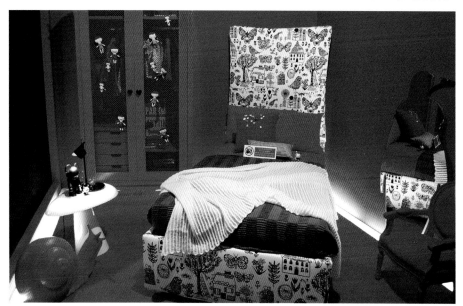

高度统一的红色赋予空间不寻常的性格，床覆面的插画纹样说明设计师对年轻人的爱好有深入的理解。

白色与黑色相互包涵，形成一幅动人的抽象画，高高低低的白色蜡烛在纯色中增加细节，只有现代风格才会运用如此大胆的纯粹。

3 家具

　　现代风格的功能空间划分不再像以前那么严格，房间可以根据主人生活的习惯和要求进行改造。通常客厅和餐厅之间是互通的，开放式的厨房因为可以一边做饭一边和家人沟通而受到欢迎；娱乐室和书房受到结构和面积的制约，便经常以各种形态出现在各个角落，依靠设计师的智慧提高面积的利用率。因此现代风格喜欢让家具承担起隔断功能，家具的摆放要迎合主人的生活习惯和动线的需求，也更趋向自由。

在Loft式的空间里，家具的布局使人对进餐和会客两个功能区域一目了然，极少的陈设品使人的注意力集中在硬装的造型和室外涌进的阳光上。

对称的布局、半圆与直线的构成强调了极度理性的形式感，皮与木的质感丰富了这种形式感，摆件和植物则创造新的视觉均衡。

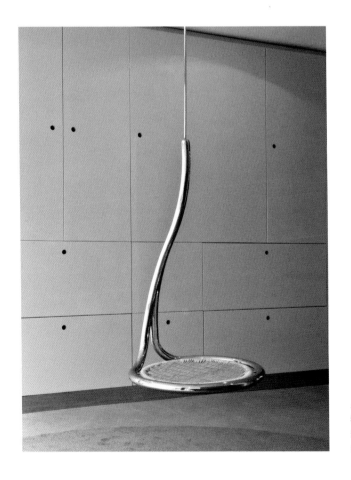

现代风格特别强调对空间、特别是负空间的欣赏，因此家具的摆放除了遵从功能和动线的需要，也要注意从视觉上分割出美的形状。在建筑主体玻璃、钢材和混凝土的映衬下，几何结构、线条清晰的家具成为室内的主角。它们必须线条优美考究，也因为造型的简单，设计师就不得不反复的推敲什么形状的家具最适合当下的空间，在没有那么多装饰的室内，一件家具往往决定了装饰的成败，特别是用很少的家具和装饰品的极简风格，更关注这个问题。

人们在极简的空间中欣赏由墙面、地板、地毯和吊椅共同组成的灰色协奏，让人联想到莫兰迪的绘画美学，不锈钢和藤所组成的质感对比引起人们的奇异感受。

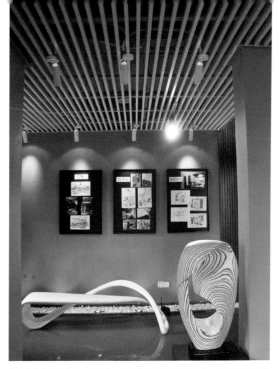

现代家具的另一个好处就是不同系列的家具摆放在一起也不会觉得不协调，因为它们基于同样理念的、简单的形式具有很大的兼容性。在这样的形式下，镀铬钢管、藤、皮革、塑料、玻璃等材料赋予现代风格家具丰富的表情，整面墙的固定柜子因为能够融入到背景中而受到欢迎，不过其他类型的橱柜除了用以收纳，其简约的线条和体量感，还提供一种类似建筑的审美观感。体量小、重量轻的家具可以随意移动，比过去更多地运用在室内，为生活提供方便。

家具本身就是艺术品，装饰品对它颜色和律动造型的呼应，显示了变化中的统一感。

造型别致的小家具给简约的现代风格增添趣味，墙上的不锈钢装饰打破了人们对"框"的固定观念，把人们的眼光吸引到被阳光普照的墙面高处。

4 装饰品

装饰品和建筑、室内设计一样经历了现代风格的洗礼，而呈现出与传统完全不一样的面貌。有些装饰品造型简练且朴素大方，它们的灵感来源于各种现代抽象艺术；有一些形态灵活自由，具有曲线的律动美，体现出有机的造型感。陶瓷的色彩越发纯粹，玻璃器皿越发强调有机形态，最后塑料成为这个队伍最强大的材料，通过这种材料设计师能随心所欲地塑造装饰品的形状和色彩。

现代风格有时候容易显得单调，我们可以尝试在白墙上添加多彩的、充满活力的绘画或摄影，以及采用颜色明亮的沙发和椅子去取悦你的视觉，其他的色彩点缀有抱枕、地毯、装饰品，都能有效增加室内的趣味。

平整的墙面可以使用大幅的画作，也可以抵抗那些画的诱惑，以精挑细选的装饰品取而代之。在早期，电灯是被当做一种工业产品来设计的，到了20世纪40—50年代，灯具变成了抽象的艺术品，它们具有抽象的外形甚至如一件会发光的雕塑作品。

吊灯律动的悬挂方式，与整齐的餐椅形成动与静的对比，其雕塑感的造型增加了空间凝重的质感。

精美的瓷器和各种小装饰品能够带给人一种满足感，以及对生活质量的认同感，摆放时要保持背景的简洁。

第五章 现代风格　135

这是一个用来展示私人艺术品收藏的别墅，设计师很好地把藏品和整个空间结合起来，而形状的重复是一种不可忽视的视觉力量。

搁架上摆放陈设品是一种非常浪漫温馨的展示方式，设计师通过植物和插花给这个墙面带来大自然的新鲜感。

吊灯上不断重复的白色元素，更衬托出抽象绘画的奔放。纯黑的古典靠背椅显示了设计师想把一切混搭起来的雄心。

用有机的图案和吊饰来加强效果，低矮的茶几和椅子形态活泼，增加了这个谈话角落的亲和感，和强调竖向的墙面图案、吊灯形成视觉对比。

设计师利用特殊的手段创造出视觉上的错觉，上图利用镜像效果"复制"了镜子前面的物体；下图的白鸽吊饰结合天空图案的墙纸，创造了一个写实的场景，视觉体验的有趣之处正在于它们的欺骗性。

5 布艺

现代风格织物多为天然纤维、亚麻、纯棉、羊毛材料，这符合今天人们想把自然元素和简洁结合起来的愿望。没有各种绣花或花哨的花纹，而是单纯的色彩或抽象的图案，如果想强调质感，也只要采用一到两种即可，并通过面积的大小进行对比。

地毯能帮助划分空间，增加室内温暖的感觉，另外可以增加一些织物来缓和现代风格带来的冷漠感，人造皮草抱枕、天鹅绒、丝质的褶皱窗帘能和其他质感形成有趣的对比。

现在许多现代住宅更需要的是把自然景色引入室内，或者在室内开辟一个这样的角落，人们更愿意使用天然的材料，而不是那种冷冰冰的工业材料。

圆形的地毯和墙上的圆形装饰形成呼应，整个房间就好像一匹波点布，十分可爱。

简洁的白色沙发和椅子配上玻璃茶几和金属落地台灯，使家具充满工业感，用戏剧化的吊灯和抽象的地毯打破这种工业感，饰品统一为相同的颜色和有机风格，是现代风格最常用的手段。

6 案例赏析——都市小屋和城市森林

项目地点: 巴西圣保罗
设 计 师: Fábio Galeazzo
摄 影 师: Marco Antonio、Evelyn Muller

既是窗框又是书架的圆形木架,突出连接室内外空间的窗户和窗外的景观,圆形的地毯仿佛是它在地板上的投影。一把chifruda椅子由巴西著名的设计师塞尔吉奥设计,他以在作品中引入幽默而著称,并使其具有雕塑般的美感和起伏的有机线条,这把椅子也不例外——它看起来似乎是一只愤怒的公牛。鸟巢形的吊床是客厅的主角,所有的陈设围绕着它摆放,设计师想表达的是巴西轻松、俏皮和诙谐的生活态度,提供了放松舒适的一个客厅,同时具有思想性,因为拥有这样家具的人肯定是个有个性的人。

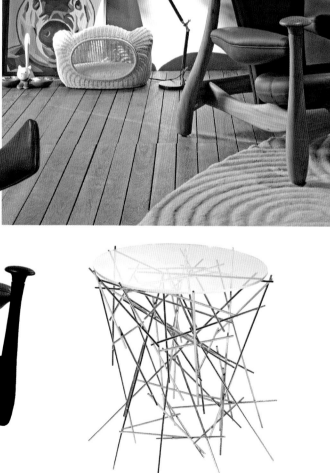

　　墙面的涂饰灵感来自巴西画家Tarsila do Amaral的现代抽象绘画作品，使得墙面看起来就像一幅抽象绘画，柜子的面板延续墙面的冷抽象风格，而小幅的装饰绘画则以更自由疯狂的形式演绎了抽象艺术，这三者共同构成一个抽象风格的室内。

　　餐桌是坎帕纳兄弟的"二合一"桌子，它们成角度的设计不仅创造出一种特别的形式，也方便进餐的人相互交流，配上北欧制造的椅子，完美展现一种简约式的淳朴，在现代技术支持下的现代设计，带给人们一种新的、年轻化的生活方式。

起居室的拐角沙发用不同质感的抱枕装饰，托德·布歇尔的扶手椅在红色的衬托下凸显出极强的存在感，茶几仿佛是两滴自然流动的水滴，它们的有机形态和沙发、椅子的曲线在空间中形成有趣的呼应，在有机形态统治下的各种质感克服了现代风格的单调感。

充满当代性的家具与清漆原木墙面表皮形成生动的对比，鲁道夫·瓦尔迪兹的写实绘画神奇地创造出森林景象，手工制陶瓶和干枯的树枝渲染了森林诡异的气氛。餐厅是一曲由黑色家具、吊灯的金色内面和由意大利设计师盖塔诺·派西设计的果篮交织而成的交响曲。设计师对本土艺术和设计作品的运用，是对现代风格地域性的成功探索。

第六章
北欧风格

1 定义

北欧风格设计是指地处斯堪的纳维亚半岛的瑞典、丹麦、芬兰、挪威四国的设计，因此也被称为斯堪的纳维亚风格。因为北欧远离欧洲中心国家，又有自己显著的气候和传统，所以北欧设计在历史上很少受到关注，直到19世纪末，北欧设计在受到英国工艺美术运动和新艺术运动影响的同时，也成为各种设计运动的参与者。20世纪20年代，北欧设计师将北欧多样的设计哲学，融入到现代主义设计的民主精神之中，卡雷·克林特的家具探索、阿依努·阿尔托的压制玻璃都奠定了北欧风格的发展方向。1950至1960年这十年间，北欧的设计通过在美国和欧洲的巡回展览，获得了世界性的认可，"斯堪的纳维亚"成为设计精湛、外形美观、功能完备的标志，至此毫无疑问地成为了一种风格。

北欧设计美学的三个基本特点为："优秀的设计应负有严肃的责任，设计应促进社会各阶层的生活质量，艺术应成为社会进步的载体"（出自David Revere McFadden, Scandinavian Modern: a Century in Profile, Harry N. Abrams, Incorporated, New York, 1982）。它本身就是一种秩序、温情、优雅的现代价值观的体现。

2 色彩

北欧的基本色彩是白色、奶油色、灰色和自然的木头色，特别是大面积的白色、奶油色及原木色地板，奠定了整个家居温馨的基调。

大块的重颜色不适合年日照时间很短的北欧，因此北欧风格会用清新鲜明的颜色装饰局部——清浅的蓝色、荧光的黄、亮丽的红，带来在户外难以获得的活力感，使人们在家里呆多久都不会觉得沉闷和厌烦。只要掌握好色彩面积的平衡，这种彩色系与中性主色调的搭配可以是随心所欲的。

设计师采用中性色的家具打造了一个温暖、放松的家庭氛围，中性色也是一个比较容易协调的色系，两个席地靠背椅能够拉近谈话者之间的距离和坐的方式，这正体现了北欧对家庭观念的重视。

148   <u>1 定义</u>   <u>2 色彩</u>

小收纳格子玩起了积木游戏，黑色的桌子和白色墙面构成一种强有力的对比。

桌面行云流水般的曲线造型，和木质贴面一起散发出温暖的呼吸，一本书、一盆简单的插花和我们一起渡过一个惬意的午后。

在冬天日照时间较短的北欧，照明受到了更多的重视，北欧的室内多采用复数的照明装置——让光线照射到墙面、天花板和地面后产生更加柔和的折射光。灯具和烛架造型追求简洁，并考虑灯光颜色和折射效果，以创造出一种温和的、更接近天然光的灯光效果。

在屋子或柜子的一角摆放落地灯或装饰灯，可让空间产生宽阔感和立体感，同时突出角落的展示品，打造令人印象深刻的角落。

5 布艺

织物是北欧家居的画布，设计师把生活中熟悉的动物、植物和日常用品，以一种图案化的、率真的方式表达出来，寒冷漫长的冬天，缺乏阳光的日子使得织物绝不能缺乏色彩，活泼的几何图案则展现了北欧设计师从抽象艺术和传统图案中获得的想象力。太复杂、太古典、太异国情调的图案都不适合北欧风格家居。

棉、麻因为平易近人和容易

设计师追求白色和木色的和谐，因此抱枕和沙发统一为纯洁的白色，两个深色抱枕和装饰画作为唯一的重色点缀在其中。

打理，自然被认为是最"诚实"的设计材料。人们除了用织物制作抱枕、沙发和窗帘以外，还用它们制作灯罩、布帘隔断和装饰品等。

粉绿色的窗帘和桔色的墙纸像调色板上两块调皮的颜色，可爱的彩色抱枕在颜色上呼应了主色调，不同颜色的图案让人爱不释手。

6 案例赏析——波兰公寓

项目地点: 波兰华沙
设计公司: Widawscy studio architektury
摄影师: ukasz Kozyra

波兰公寓是一个充满阳光和舒适气氛的项目,为了充分体现空间的自由,设计师用明快的色彩跳跃地装饰白色主色调的空间,其中黄色扮演着重要的角色——从厨房黄色的吊柜到客厅黄色的书架,从玄关黄色的凳子到客厅带有北欧民族风的黄色花形地毯。

北欧风格在简洁中并没有失去浓浓的家味,靠的就是在日常生活用品中融入智慧的小创意。玄关的青草是把人引入到家里安详世界的过渡,曲线优美的潘顿椅和模仿水花溅起的果盘让这个以直线为主的饭厅看起来不那么刻板,利希滕斯坦绘画复制品的波普气息与这种源自现代文化的风格十分契合。

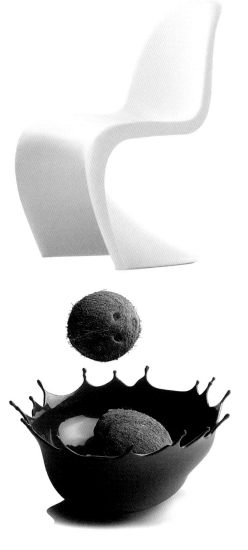

为了更好地搭配一直从玄关延续到厨房的灰色字母墙纸，设计师选用彩色条纹墙纸作为电视背景，其跳跃的颜色自然而然地成为客厅的视觉重点。在这个长度较长的开放空间里，直条纹有利于从视觉上抬高天花板以校正空间的视觉比例。

白色的半透明窗帘有助于光线的进入，蓝色的布袋子沙发带有浓厚的波普风格和休闲意味，三角形的茶几、地毯和花艺都经过精心地选择，在小空间中创造更多的造型体验和精致感觉。沙发虽然是稳重的灰色，一条条纹披毯说明了它与墙面间的关系。

厨房是个充满活力的地方，在这样的地方做饭你很难感到不开心，厨房塑料餐具五彩缤纷、造型可爱。正是塑料强大的功能和较低的成本，给软装设计师打造现代厨房提供了更多的选择。

设计师以白色系构筑了一个安静祥和的环境，巧妙地利用每个软装元素不同的质感制造层次，光滑的、略带反光的暗纹墙纸和温暖的织物之间形成了对比，绛红色花纹的被子和枕头则带来了淡淡的温馨感。

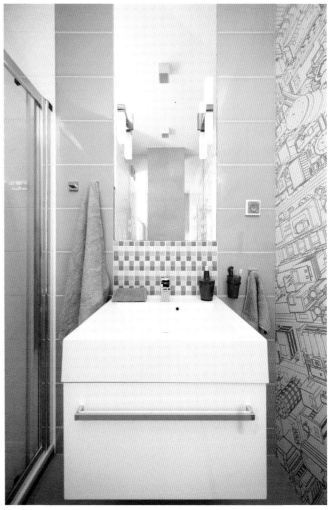

与之相反，儿童房加入了大量的彩色元素，墙纸和被单是经典的北欧图案，在宜家购买的成套儿童家具非常符合儿童的人体工学，收纳也充分考虑了小孩子玩意的琐碎和是否方便儿童取用，充分体现北欧设计的人性化。

洗手间的配色十分清新简洁，也很容易清洗。小小的一片马赛克带出活泼的气氛，墙纸特别的图案在平面上创造了立体感。

　　坐在坐垫或低矮的椅子上时，你恰好能平视门外的风景，体验到室内与自然的互动。一些能让光线通过的家具，如结构明显的椅子和桌子，比四面遮挡的家具更合适。

　　日式家具质朴简约，不必要的雕饰被认为会影响人们欣赏家具形式和材质，因此大部分的日式家具都只涂以清漆。而现代家具强调功能和简洁形式，很好地融合于"和风洋体"的现代日式家居中。常用的家具材质包括了木头、竹子、稻草垫、丝、麻布和日本纸，它们自然的颜色和质感让人觉得软装仿佛会呼吸一般，这种统一的视觉体验同时使居室看起来整洁利落。

　　日式家居还善于把工整和秩序做到极致，用各种柜子和架子收纳东西，日常用品被最大限度地隐藏起来，生活在其中的人们想通过家居

西方无疑是日本近现代室内设计最主要的老师，后者在垂足坐习惯和功能空间划分上不断地向前者靠拢，简洁、功能化家具带来的舒适体验不断地征服民众。

的整洁来追求内心的简单，因此日本居家空间虽然较小，不过极简的设计使其看起来比实际的大。

多功能家具能加强整洁的效果，浦床或低矮的塌既能当沙发又能当床，矮几移到墙边就能扩大利用空间。

这是个以竹为主的空间，竹子做成的茶几与众不同、充满趣味，吊灯同样以竹子与和纸为材料，从中透出的光线让整个居室沉浸在一片暖意当中。

"和风洋体"便是在现代设计中融入日本的传统元素，如偏爱低矮点的沙发和桌子，盆景、陶器、挂轴画等依旧是最主要的陈设等，但无论任何形式，日式家居追求的始终是静和雅的境界。

4 装饰品

表面看来，日本的工艺品与中国的非常相似，但在深入审视之后，你会发现日本的手工艺者对待手工艺的态度是独一无二的。日本工艺常常是质朴与装饰美的紧密结合，简单的造型有时配上精致的花纹，素雅的器具会因为细节而显得精巧。

柳条制品、木制品和陶瓷既是实用的器皿，又是质朴艺术的代表。特别是茶道助长了一种对简约的自觉崇拜，活泼而粗犷、形状不匀称的瓷器，是为了承载一种清澄恬淡的品质，一种"不规则、不事雕琢和故意缺少技术上的熟练技巧"，一种不完美的美，这种风格的精神也正是茶道本身的精髓。

设计师灵活地把各种质感粗糙的自然元素结合在一起，营造出一种萧索的感觉，灯光提升了这种艺术形式，枯山水手法被巧妙地运用到室内，白沙围绕石头模仿涟漪的痕迹，仿佛真的存在一个微缩池塘。

竹子做的器皿和线装书带来清雅的古色，茶壶特别的造型让人对这组软装留下深刻的印象。

陶瓷在工匠的巧手之下呈现出完全不同的气质，左图的茶具用釉色模仿墨色干湿浓淡的效果，下图的托盘则以陶瓷的裂纹、金色的釉彩和装饰画法表现日本樱花季节的绚烂。

日本和纸有着洁白的颜色、纤维肌理和韧性，用它制作的灯具能使光线变得柔和淡雅。用和纸制作的屏风和帘子能同时起到装饰和隔断的作用，有时会辅以水墨画做装饰。与和纸形成鲜明对比的是传统的日本漆器，以黑色、褐色、深红和金色为主调，精细的绘制或夸张的图案给人们留下深刻的印象。装饰画则以挂轴字画为主，有时也会在屏风和门障上绘制画作。

5 花艺

把枯山水造园手法运用到室内，是实现家居与自然共生最直接的方式，枯山水用白沙象征溪流、大川或云雾，用石块象征高山、瀑布或岛屿，以单纯的材料营造空白与距离，把园林推向抽象的极致，借以灯光，在白墙或木材的映衬下生出依山傍水的诗情画意。

日本的花艺延续枯山水的精神，既是模拟大自然的形态，又进一步提炼这种形态，使人在疏枝密叶间、在有与无之间体悟内心。

室内景观会因为室内客观条件的限制而无法实现，设计师通过鹅卵石铺地和在宽口花器中铺白沙的方式，巧妙地借用了枯山水的元素，高低错落的植物配置留下欣赏的空间，一段枯木更是画龙点睛之笔。

盆景、石头、古朴的茶杯和幽玄的烛光，这些都是典型的日本文化符号，有时无需大兴土木，经营好一个角落就能体现出强烈的风格特征。

设计师以更现代的观念来理解日本陈设，花艺和水墨画的元素不变，不过罩上抽象的外衣，在被粗糙树皮包裹的花器中，松针的尖硬和绣球花的柔软，令人感受到自然丰富的质感。

6 浴室

洗浴是日本文化的重要部分，在日本，每个家庭都配置有一个又大又深的浴缸及淋浴区，厕所则完全位于另外的空间。

日本人只偏爱木制浴盆，日本扁柏和雪松因不容易发霉、变形和具有杀菌效果，而成为制作浴盆的最佳材料，油漆也要使用颜色自然和低光泽度的。设计师要尽量用天光营造一种自然祥和的气氛，隐藏式照明和镜子旁边的射灯也能创造一种柔和的感受。用鹅卵石和竹子做一些铺地或装饰，摆上纯白的毛巾，能够使人在洗浴之时欣赏空间的装饰。

洗手盆用黑色的石头打磨而成，让人联想到庭院中的石头和水钵。

除了必要的器物，设计师不想任何东西来打破平静水面和窗外景色带来的清澄感。

7 案例赏析——静夜思

项目地点： 日本东京神乐坂

设计公司： 广谷纯弘+石田有作/日本广谷未来视野建筑设计工作室

摄影师： 日暮雄一

这是以日本菜为主的一系列餐厅，设计师认为真正的日式风格并不需要过多的软装，精炼的形式更能够达到"言简意繁"的效果。因此，一方面设计师秉承了日式庭院的思想，在室内融入许多小型景观；另一方面，设计师意欲通过重新发掘日本传统工艺的表现方式，使其在现代空间中焕发出新的光彩。

精巧的陶雕、槭树、碎石等是日本景观的元素，在传统的室内景观中安装一个根据地形打造的不锈钢池塘，体现出传统与现代的对比，而且不锈钢可以让设计师随心所欲地塑造想要的造型。

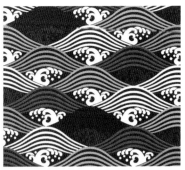

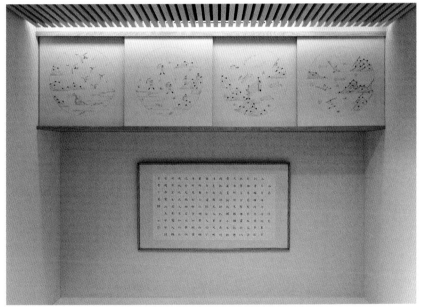

有些包厢用和纸作为装饰，并用云母调制的珠光颜料绘上传统水墨画，云母在灯光下闪动幽微的光泽，工整的楷书传递出静谧感；日本的图案设计极具典雅的美感，有些包厢就用传统布艺作为点缀。无论是哪种设计，传统的材料工艺与现代的手法均得以体现。

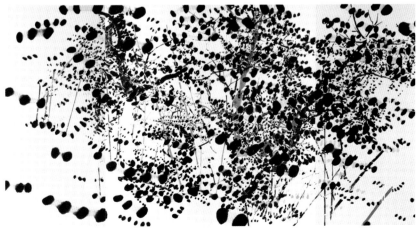

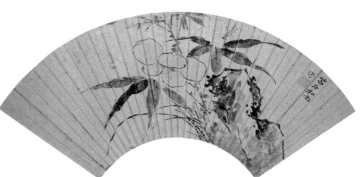

　　柜台前悬挂着一幅水墨画，配合硬装的横向结构，以长卷的方式表现莲花的生长过程——从含苞待放到开花结果，再到来年新的绽放。正对着入口的地方则悬挂着一幅卷轴，可根据季节变化更换，表现出当季的主题，光线从竹片编织而成的天花板洒进室内，柔和地照耀着周围。软装在这里不再只是一种美化空间的手段，更是提示身处其中的人们去感受生命的枯荣，这也是软装的最高境界。

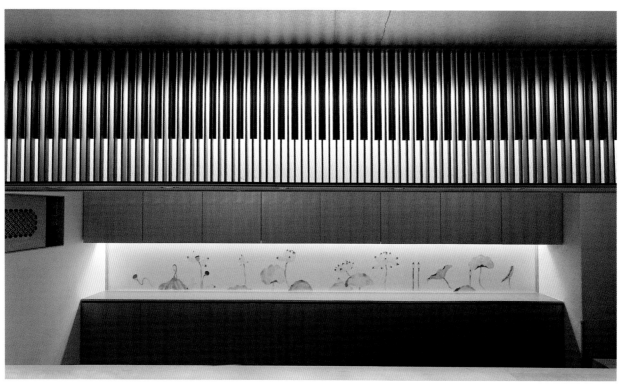

餐厅不仅是享用美食之处，还是一个让宾客感受日本文化氛围的地方，无论是桌面的天然木纹还是盛放食物的陶制器皿，都是文化的载体。壁龛的短竹帘遮挡住刺眼的灯光，同时增加欣赏的层次，只有单件摆件或随意的插花，说明简单和天然的形式是直达内心的道路。

论家具的精美，东南亚国家中以泰国家具为翘楚。泰国盛产木材和铜锡矿，因为地缘与信仰的原因，能深刻感受到中国和印度的艺术对泰国家具的影响。在家具的制式上，我们可以看到强烈的汉族文化印记，这也同时解释了为什么很多泰国家具的样式和花纹看起来和明清家具十分相似。泰国家具讲究雕刻精美、厚漆重彩，图案广泛吸收了印度佛教艺术中火焰状的抽象形、莲花、菱形连方花纹等纹样，这些纹样成为其常见的装饰特征。如果你想强调一种华贵的东南亚风格倾向，泰式家具会是最好的选择。

借鉴中国传统家具的东南亚罗汉床为室内增添了古色古香的气息，展现出一种更为典雅的气质。

当代的东南亚家具设计同时受到亚洲传统风格和西方现代主义的双重影响，设计师们利用当地丰富的自然材料，锤炼出许多更符合人体工学、更富抽象意味的杰作。他们把握住东南亚家具材料质感和色彩的根本，赋予家具简洁柔和的造型，使其更符合现代生活的需求，因此在现代的东南亚风格软装中运用更广泛。

东南亚风格家具强调结构的通透性，室外光线和景色通过窗户和局部开放的空间引入到室内，因此藤编或镂空的折叠屏风是一种灵活多变、非常受欢迎的陈设物——既可以作为背景，又可以作为视线的隔断而不阻挡空气的流通。床往往设计得宽而矮，通常带有简洁的床架，配合纱幔使用可以更好地适应亚热带的天气。

现代东南亚家具在保留东南亚气息的同时，要求简约的陈设搭配，不过传统的和现代的家具对材质有着同样的要求。

现代东南亚家具体现出一种现代设计形式和传统手工艺精神的糅合，它既追随现代主义的简约之美和更有意味的造型，又强调了材料的质感和工艺的痕迹。

4 装饰品

东南亚的工艺品多与宗教和热带动植物形象有关——佛像、莲花、大象、芭蕉叶、菩提叶、蒲叶等都是工艺品制作中常用的题材，特别是各种材质的佛像，几乎是东南亚风格不可或缺的装饰品。木雕和木制浮雕板因为其古朴的质感和材料易得易雕而被广泛应用，以热带植物为题材的装饰画也很受大众欢迎。

一幅芭蕉叶装饰画，同时采用了浮雕效果和三联画的形式，说明设计师成功地在采用最具代表性的东南亚主题的同时，制造出一种与众不同的展示方式，三角形靠垫既舒适造型又特别。

这是一个典型的东南亚风格软装案例，蒲扇和叶子的元素除了带来浓郁的亚热带风情，其金色和黑色的运用延续着墙面装饰华贵的质感，一盏仿生吊灯在呼应软装植物主题的同时，还体现出主人的艺术修养。

曲折蜿蜒的干花映衬着两件佛器，没有过多的装饰，保持了宁静致远的气质，也反映了主人对人生的理解。

造型简朴的瓷器散发出禅的韵味，与树干形态的结合巧夺天工。

东南亚的陶瓷艺术由于受到中国的影响，所以在器形、材料上与中国陶瓷有很多相似之处，不同的是东南亚风格爱好简朴，因此瓷器更倾向于造型洗练、纯色或色彩很简单的釉瓷。你还经常可以看见经典的大红色漆器，和东南亚家具摆放在一起而散发出一种悠远的光泽。

这两个案例都注重了陈设品高大与矮小之间的对比和搭配，左图在颇具工业感的大物件中融入陶瓷，右图则是在赋予传统工艺品一种现代的构成感。

在现代主义的洗礼下，越来越多的设计师以东南亚的材料，创作出更具抽象形态的艺术品，更接近禅的意境。不过无论木刻、陶器还是壁画，无论古老的还是现代的，东南亚风格追求的都是一种不事雕琢的拙朴感，唯有如此才能衬托空间的天然之气。

简单的器形通过不断的重复，展现出一种磅礴的气势，非常适合横向的大型空间。

不锈钢的雕塑模拟的是热带植物的形象，和整个空间的冷峻基调一致，才不显得突兀。

挺拔明亮的常绿植物在带来自然感受的同时，很好地呼应其它装饰主题，散尾葵、旅人蕉是东南亚室内植物的代表，蝴蝶兰因花姿优美、颜色艳丽且常年开放，和有宗教含义的莲花一起成为东南亚风格最常见的插花花材。

蝴蝶兰娇艳的颜色和优雅的形态，不需要专门的插花知识便能打造一个富有艺术韵味的花艺装饰，黑色哑光花瓶无疑更突出蝴蝶兰的妩媚。

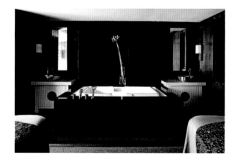

荷花是佛教的象征，它高雅挺拔的姿态能提升空间的空灵之感，摆放的位置则突出整体庄重的对称感。

利用多样的亚热带植物打造一个小小的室内花园，和休闲空间相连，除了装饰作用，更带来清新的空气和怡人的心情。

铜器、银器和锡器在东南亚既是重要的供奉器皿，也是身份的象征，除了传统的器皿，这些材料元素现在被更广泛地运用在装饰设计中，如各种镜框、灯具，甚至佛像的制造，其闪烁的光泽和暗哑的木雕形成一种质感对比。

放射形状的镜子是东南亚风格常用的配饰，黑色的佛像和陶碟是这组装饰的主体，是为了与古朴的边桌和粗粝的墙面相配。

银色镜子作为中性色，比任何装饰画更适合橙色的墙面，在突出橙色热烈的同时用蜿蜒的花纹打破毫无变化的墙面，闪亮的效果又与古朴的木桌和藤椅形成对比。

无论硬装还是软装，空间运用的装饰元素都比较单一，因此铜器皿的精致程度和造型的选择就显得尤为重要。

东南亚风格崇尚自然的品格，因此灯光多以柔和的暖光为主，竹子、木头和哑光金属是制作灯具的理想材料，它们往往形态优雅且颇具禅意。另外还可以利用阳光照过窗户的斑驳印迹，或者人工的造型光源，突出陈设品的幽古之情。

灯笼形的台灯既有灯笼营造气氛的优点，较之又更为实用，古朴的造型和其他陈设品的风格相统一，而其他陈设品在灯笼的光线下显示出更加细腻的质感。

阳光在室内的形状就是遮挡物的负形，阴影和光线之间的关系为软装提供更多的欣赏角度和内涵，所以软装设计师应该善于利用阳光的聚焦处。

选择藤编吊灯是为配合硬装中的竹子元素，作为最常用的东南亚风格材料，灯具造型的选择就显得尤为重要。

5 布艺

泰丝是东南亚最具特色的纺织品，因工艺和原材料的限制，当下多以丝织品和缎面材料来取代泰丝。而棉麻和丝织品的粗细搭配，配上精美的刺绣，更衬托出丝织品的流光溢彩。抱枕和桌旗等小件的布艺品最大的特点就是色彩艳丽，为整体空间带来活跃感，有时也会为了呼应木材的颜色而使用棕色系的布艺。在造型上除了方枕之外，还经常要搭配三角形枕和长方形的抱枕。

织物的纹样也常以植物为主题，但与田园风格复杂的图案不同，东南亚的纹样更喜欢表现植物的局部或折枝形态，线条曼妙，颜色清丽，条纹和民族风格的几何纹也很受欢迎。

这两个案例都通过下垂的幔帐或布帘来塑造浪漫的气氛，彩色的布艺配件增加了空间的层次感，特别是彩色条纹地毯是视觉的中心与灵魂，三角形和几何纹的民族风抱枕一下子点明了空间的东南亚风格。

设计师选择了植物纹样的墙纸和抱枕配合这个以植物为主角的房间，无论墙纸还是抱枕，纹样都是舒展大方的姿态，避免了软装的琐碎感，也没有比白色和绿色的搭配更能让人体验到清净之感的了。

颜色鲜艳的泰丝枕头搭配中性颜色是东南亚风格软装最常见的手法，同时能克服传统木家具过于生硬、舒适度不高的缺点。

纱帐是东南亚风格最常见的床上用品，金字塔形的帐顶有别于一般的幔帐，格外别致之余也显示出一种更地道的东南亚传统样式。

窗帘强调垂感，大幅、简洁的落地帘可以衬托出室内装饰的大气。纱幔则以轻盈和浪漫的质感营造出另外一种截然不同的气氛，因此最适合作为床幔和窗帘的底帘，以衬托其他古朴的材料，更是迎合了东南亚炎热潮湿天气的需要。

双层的垂帘是整个空间的设计亮点，设计师大胆使用有发亮效果的翠绿色以振奋视觉，和铜灯、墙上的饰带一起展现了伊斯兰艺术对东南亚风格的影响。

在不同倾向的红色和绿色所构成的异域风情世界里，布艺也充分体现出不同的质感对比，绿纱的特殊设计营造出一种公主房间般的风范，红色灯笼比普通灯具更显示出趣味性。

6 洗手间

　　洗手间其实是室内风格的延续，石头、木材和藤依旧是必不可少的元素。东南亚装饰风格其实没有特别固定的标志性装饰，它的打造一方面立足于通透的空间和质朴的家具，另一方面体现于陈设品的质朴之气和讲求高低、大小搭配所营造出来的层次感。也正因为这种随意性，东南亚风格赋予设计师更广阔的发挥空间，允许更多有趣的尝试。

设计师抛弃多余的装饰，以突出洗手台理性的构成美和对称美，没有了其他装饰干扰，厚重石料和木料在人们使用洗手台的过程中将被细细地欣赏。

木制的洗手台和浴池侧面拼花镶板传递出东南亚风格对天然材料的热爱。

7 案例赏析——磅礴东南亚

项目名称：鹤山十里方圆三期L户型别墅样板房
项目地点：广东省鹤山市大雁山风景区
设计公司：集美组机构·高居中心
摄影师：罗文翰、何传勇

本案例以现代的手段处理东南亚风格这个地域性题材，家具简洁的造型均是为了配合大开大合的硬装，凸显整体宏伟利落的气度。整体看去，在统一的棕色调中，木镶板的直线装饰、地毯硕大的抽象植物纹样和窗帘的碎花纹形成一种视觉节奏。在细节上，矩形的茶几、罗马平面帘与墙面直线镶板相呼应；窗帘和植绒地毯则作为室内面积最大的布艺，软化了木结构的硬朗。另外，三层的八角吊灯和餐厅绝对对称的装饰画都加强了室内的庄重感。

蒲扇与隔断的镶板弹奏着方与圆的协奏曲，家具是东南亚风格与现代风格的混合，五颜六色的丝质抱枕渲染出浓浓的异域风情。在一片暖色调中，桌旗明亮的冷色一下子抓住人们的目光，坐在客厅的人们则可以慢慢欣赏桌上精致的工艺品。

　　玄关是进入室内的心理准备空间，一幅两层楼高的琉璃装饰画瞬间征服了人们的感官，那扭动的蕉叶似乎即将扑面而来，黑色的灯笼吊灯颇具意味的聚散方式和抽象风格插花充分说明了设计师想带给人们现代式的审美体验。

　　设计师有意让过道成为每个装饰复杂区域的过渡空间，因此灯笼和工艺雕塑是唯一的装饰品，不过和谐的色调增加了整体空间的美感。

茶室的软装以藤、木和麻为主要材质，显示了东南亚风格亲近自然的一面，黑色与红色的经典搭配则深化了材质给人带来的感受。地毯的射线指向空间的中心，褐色的纱帘柔和了室外的光线，在灯笼朦胧的光线中，人们堕入禅的意境，在这样的空间里你可以与智者交流，也乐于独自沉思。

卧室的色调明显比其他空间低沉，是为了创造静谧的休憩空间，特别是拉舍尔毛毯吸引人们拥被而眠。装饰画和抱枕延续了客厅的华丽风格，插花挺拔的身姿利于体现空间高度，绿色叶子缓和了红色带来的刺激感，双层窗帘可以灵活地满足卧室和室外的不同关系。

第九章
阿拉伯风格

1 定义

阿拉伯世界西起大西洋东至阿拉伯海，北起地中海南至非洲中部。了解了阿拉伯世界复杂的地理位置和历史后，你会惊奇于他们如何把丰富的图案想象力，建立在欧洲艺术的基础上，形成极具民族特色的室内装饰——来自罗马和拜占庭的马赛克艺术、和哥特式建筑相互影响的各式尖拱，糅合了西班牙文化的摩洛哥样式等。但无论如何，阿拉伯风格设计灵感主要来源于绵延起伏的沙漠，以及阿拉伯民族的装饰图案。

2 色彩

阿拉伯风格的色彩方案有两种：第一是以白色和泥土色为基础，点缀其他色彩。黑、白、绿是伊斯兰教最崇尚的颜色，特别是大面积的白色，除了代表洁净，也能为炎热的阿拉伯地区带来清凉感。泥土色来源于沙漠不同层次的沙子，带给人敦厚、踏实的感觉。

另外一种以颜色浓郁的摩洛哥样式为代表——各种各样的红色、品蓝、深紫色、橙黄、松石绿，配上来自海滩和泥土的中性自然色，如沙色、灰褐色、米黄色、灰白色等。用色大胆的高光墙充满活力，使你的室内空间充满层次感，为家具和织物创造了一个活泼的背景。

洁白的颜色更衬托出床头装饰精致的曲线和楼梯鲜活的颜色，棉质的床上用品在粗糙的墙面中才不显得突兀。

紫红色是最容易彰显高贵的颜色，家具采用这个颜色也是为了达到这样的效果。

3 家具

木制或铸铁的桌椅、用长毯或奢华的长绒软垫铺在沙发上，是阿拉伯家具最基本的两种样式。无论木制还是铸铁，阿拉伯的家具都要用大量的花纹来装饰、雕刻，漆绘、瓷砖和黄铜铸造都展现出阿拉伯风格家具的繁复，用马赛克拼贴或者大块的黄铜来充当桌面是阿拉伯家具一个非常有趣的特点。与欧洲古典风格不同，阿拉伯的木雕椅子在造型上显得更为稳重，没有那么多藤藤蔓蔓的装饰。

色彩明快的布艺沙发配合五颜六色的沙发覆面和抱枕，则帮助营造一个更为现代、更为轻松的室内环境。

六角形彩绘小木桌是最常见的阿拉伯家具，搭配起来也非常方便，低彩度的抱枕和土红色的墙面带来了大地的气息。

四周有沿的铜盘桌面，以及用混凝土夯成的沙发是阿拉伯地区特有的家具形式。黄铜、锡和玻璃做成的餐具带来浓浓的异域风情。

<u>4</u> 布艺

没有哪个阿拉伯风格的室内可以离开毯子和抱枕，这些织物是古典图案与丰富色彩的结合，充分显示希腊和亚洲的影响。其主要成分是丝和羊毛，丝的光泽柔和鲜亮，手感柔软，而羊毛厚实保暖，吸引人们在上面聊天休息，提供舒适安全的感受。在抱枕方面，除了丝和羊毛，还会使用刺绣和短绒毛进行制作，以增添更丰富的效果。

毯子的用途相当灵活，有的和房间一样大，有的却只有祷告毯那么大，它们被用来铺在地板上、椅子上和床上，用来装饰墙壁或者作为门帘隔开不同的空间。大量粗横棱织纹被认为是椅子和沙发不可缺少的元素，不过在现代，地毯可以是豪华的也可以是简朴的，除了传统的花纹，也能融入现代的设计和颜色，使之更适合现代家具。

这个帐篷保留着摩洛哥样式颜色的精髓，选择了图案更简洁的布艺，传递出轻松的、现代化的阿拉伯风格。

丝质和刺绣的抱枕体现的是精致的、宫廷式的阿拉伯风格，宝蓝色的丝绸闪烁着冷冽的光泽，在低沉的红色中显得如此特别与高贵。

相比起地毯和抱枕，窗帘则显得朴素得多，为了应付炎热的天气，窗帘和床的帷幔、帐顶、华盖通常使用轻纱或薄棉布，既能遮挡日光又不阻止风的进入。有些帐顶延续了沙漠帐篷的造型，不仅用在床上，还可以用在走廊、大型的壁龛或者卧室中，为空间增添气氛。

5 装饰品

无论柔媚还是简单的造型，阿拉伯风格灯具绝对不能缺少纹样，而且善于利用镂空的纹样创造出绚烂的灯光效果。

圆形的镜子仿佛是滴入方形世界的水滴，引起形式变化的涟漪，它映照细腻的镂空台灯，在光与花纹的重重叠叠中构筑一种多层次的视觉趣味。

对于阿拉伯装饰来说，最重要的就是花纹，伊斯兰教禁止偶像崇拜和一切描绘万物生灵的形态，阿拉伯的艺术家便把一切智慧都运用在器物和花纹的设计上。他们用几何、植物和阿拉伯书法这三种元素，变幻出无穷无尽的、令人赞叹的纹样。你可以倾向素雅或艳丽的颜色；你可以偏爱古朴的木头或纤细的铸铁，但无论使用什么，你都要保证上面布满了花纹。阿拉伯风格的最高境界，便是各种花纹有机地统一在一起，既不能只是用一两种纹样，又不能毫无计划地把一切堆放在一起。

阿拉伯纹样拒绝描摹自然、没有主体、强调线
条，表现出一种不断重复的、迷宫般的特质。

　　黄铜和锡的制品是阿拉伯风格装饰品的主
角，黄铜制成的灯和香炉既实用又能吸引人们的
视线。灯通常是吊灯，全盏镂刻着精细的花纹并
镶上玻璃，使得光线变得更加柔和，阿拉伯热爱
焚香，所以香炉和灯一样的精美。黄铜和锡还被
用来制作精雕细刻的蚀刻托盘、茶具、烛台、花
瓶和盒子等，配合灯光闪烁在室内的每个角落，

展现别样精致。

　　其他流行的阿拉伯装饰包括镜子，镜子框同
样是布满纹样或雕刻的金属、木头框架。还有粗
厚、鲜艳的彩色陶瓶，有些会绘上粗犷的几何纹
样，用来挂在墙上、盛放食物和花卉或作为台灯
架。

6 在室内运用建筑造型元素

阿拉伯建筑有着竖直的窗户、各种造型的圆拱和尖拱，厚厚的墙壁连接着穹顶和房瓦，墙内雕刻出扇形或贝壳形的壁龛——这种壁龛用于盛放书籍或陈列品，大的甚至可以当做休息用的凹入空间；铸铁窗户、雕刻或漆绘大门，黄铜或铁的辅首装饰其上——这些代表阿拉伯的建筑造型元素常常被运用到室内。

阿拉伯风格的墙壁不需要墙纸，选好适合的颜色再均匀地涂抹上去即可，泥上彩绘或者马赛克镶嵌最能体现阿拉伯风情，和家具及装饰形成呼应，譬如配以大型的木装饰板或铸铁饰品。房梁、门楣、墙饰带和天花板也被绘上丰富的艺术图案，如星形、八角形、几何纹和花卉等。

除了常规的圆拱，阿拉伯风格的拱顶从不单调——洋葱形拱顶、葫芦形尖拱、带弧线的三角形拱顶以及联合拱顶。我们能在壁炉、假窗装饰、护墙板、床头板、屏风甚至镜框等装饰上找到阿拉伯风格对拱形的灵活运用，拱形的曲线则使空间更加柔美。

木制菱形格栅板则是最佳的百叶窗、遮阳板和柜门，房间的角落可以放置隔断或者是屏风，镂花板则要显得华丽且极具古典韵味，大自然的光透过镂花板投射在多彩的室内，使整个室内变成一件完美的艺术杰作。

贝壳形的壁龛顶部的射线仿佛是太阳射出的光芒，充满神圣感，对称的设计和古典阿拉伯式家具进一步强调了庄重感。

洋葱形拱顶和花纹复杂的镜框充分说明了这是个阿拉伯风格的室内，黄铜的灯座采用了和镜框一样的质感，它们和花瓶、桌子的颜色是如此的和谐。

雕板挂饰和铸铁家具是最常用、也是最便捷的阿拉伯装饰。

阿拉伯人不会满意没有颜色和花纹的地板，他们从古罗马和拜占庭那里学来各种高超的瓷砖制作、拼贴艺术，因此瓷砖不仅用来铺贴庭院、客厅、厨房、浴室甚至是卧室的地面，还常常被用来装点门和窗户的框、柱子，甚至桌面、镜子、画框和墙面。总之，如果有哪个地方你觉得过于空白又想不到用什么装饰时，就用拼贴马赛克吧。

马赛克装点的假窗，集中了人们的视线，在米白色墙的平衡下，又使人的视觉不过于疲劳，马是成功者的象征，也是阿拉伯文化的符号之一。

7 案例赏析——沙漠与海洋的交织

项目名称： 天津玛歌庄园样板房B7

设计公司： 北京睦晨风合艺术设计中心

设计师自由地驾驭阿拉伯风格和地中海风格的混合，缔造一件完美的作品——风格准确、细节丰富、局部间关系恰当。首先是通过色彩及典型的家具抒写了风格的语汇——阿拉伯华丽的色彩和地中海温暖的黄色；前者的彩色方桌和后者带有意大利传统的田园家具等。其次，丰富的软装使身处其中的人们无论在哪一个角落，都能够欣赏到有趣的艺术品，于此，设计师构筑了一方纯粹的异国天地。

在两个起居室中，热烈的红色和紫色统治了主要的视觉感受，再花俏的陈设也不会过于跳脱而显得凌乱，设计师获得极大的余地去施展他古怪的趣味，体现在那些样式各异的陶器、玻璃插条和粗绒线的镜框上，另外，还有什么比拱顶窗帘更适合尖拱侧窗呢？

白色的壁炉和沙发起了舒缓视觉的作用，特别是一系列随意散落的白色抱枕，更添加了居室的轻松气氛，吸引人们席地而坐。

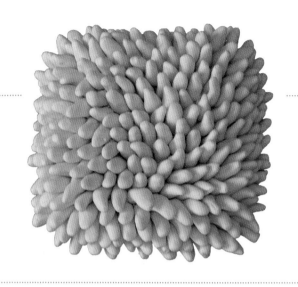

　　在洗浴空间，设计师通过软装饰，将海洋的浪漫和沙漠的热情混合在一起，贝壳状的洗手盆和大块珊瑚让人联想到关于海洋的各种传说，洗手间内外的镜子都用具有异国风情纹样的镜框装裱起来，琳琅的玻璃马赛克墙面映衬着毛茸茸的纱帘，把室内的气氛推向极致。

卧室和书房的主色调是暖暖的黄色，因此家具和配饰的颜色与起居室的丰富相反，基本是温和的中性色，才能保持整体的和谐，唯有毕加索立体派绘画的复制品在一片暖色中如此醒目。藤编家具整体造型具有舒缓的曲线感，因为造型过于简约或过于豪华的家具都不适合这个室内的风格；壁龛和搁物架为陈设品提供了有趣的背景，不过最令人难忘的还是书房里那张古老的书桌，斑驳的痕迹让它看起来如此具有历史感和亲和力。

　　通常一套房子里不会使用超过两种样式的吊灯，而本案的设计师显然不仅把吊灯看做照明的工具，更把它看做艺术品，风格各异的灯具被使用在不同的空间中，它们身上的细节因为设计师狡黠的挑选而显得别出心裁——叶状装饰攀附在枝形吊灯上，每个枝形吊灯的造型都不尽相同；勺子和叉子被做成餐台灯的灯罩，总能引就餐的人会心一笑；而楼梯间吊灯从楼顶悬挂而下，在气势慑人之余，玻璃配件的有机形态使整盏灯如同一株发光植物，把人们带到魔幻的世界里。

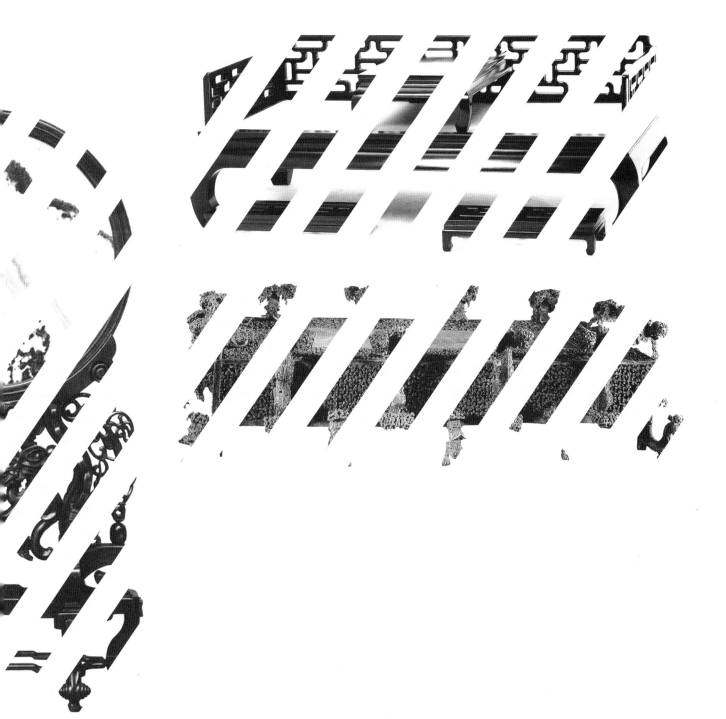

第十章
新中式风格

1 定义

新中式风格是指中国古典陈设在现代背景下的重新演绎——它以功能性的空间划分和家具用途为基础，吸收古典样式的陈设；它不是复古元素的简单堆砌，而是以现代的眼光理解中国传统的三种审美趣味。

家具和陈设的对称摆放，体现出大空间的端庄感。

中正平和之美

在古代，待客空间和私人空间是严格区分的，厅堂的设计体现礼仪制度多于舒适，因此陈设讲究对称和端正，室内家具以临窗迎门的桌案和前后檐炕为布局中心，配以成对的几、椅、橱、柜、架等，体现出严谨划一的秩序感。

今天的人们可忍受不了这样的平面布局，但是设计师通过强调对称的摆放方式，或者移用局部的搭配——如成对的桌椅，把这种儒家提倡的中正平和之美延续到居室中，除此之外，我们还可以享受到对称布局带来的空间宽敞性。

这个角落不遵循传统摆放的法则，重的是气氛的营造——灯里花开鸟鸣，问旧时光何去；一盘残子，望故人来续。

文雅野逸之趣

文人雅士把对佛教、道教和对自然的理解融入艺术中，其园林和室内装饰更重视意境的创造，布局灵活多变、错落有致，是居住者高洁意志的外在显形。进而形成的一系列经典的陈设搭配——雅集用的家具、文房四宝、各式把件等巧妙地结合在一起。这种文人式审美与现代的自由平面摆放有异曲同工之妙，设计师运用起来更加得心应手。

民间艺术之奇

　　民间艺术曾被认为难登大雅之堂，如今它们新奇的地方样式为新中式软装的多样化提供了充分的灵感来源。蓝印花布、少数民族刺绣、玩偶等——这些或稚拙或华丽的民间艺术比精致的正统艺术更具视觉活力，通过与传统家具的混搭，能在中式风格的特征上营造出地域特色。

红色的背景装饰得益于生动的民间艺术，有了经典的传统家具样式压阵，丝毫不显得媚俗。

2 色彩

中国的建筑和家具以各种木料为主，又因为古典中式着意在室内营造庄重、宁静的感受，因此古朴沉着的暖棕色、黑灰色是最正统的室内设计主色调。当下的设计师得益于更丰富的木色和现代主义的审美观，各种中性色被灵活地运用在设计中。

另一个色彩体系是在中国文化传承中形成的观念性色彩，譬如来自皇家的明黄、来自喜庆的大红、来自青花瓷的蓝色、来自水墨的黑色等，它们具有鲜明的可识别性和符号意义，以其承载的中国隐性文化来表达中式的感觉。

在藤与木构成的世界里，地毯和布垫温暖的颜色创造了一个款待好友的祥和天地，连点缀其中的小装饰品，也仔细地不去破坏这种气氛。

中国红，很少有设计师敢大胆的用在墙上，雕梁画栋的罗汉床和明黄色的龙图案地毯，说明设计师从清代艺术中得到了启示。

3 家具

传统的家具样式

如同亚洲的大部分国家，中国人最早也是席地而坐，家具尺度根据席地的习惯制定，大多较矮。由于"礼"仪在国家仪式和日常生活中扮有重要的角色，因此生活家具和礼仪家具有很大区别，前者简朴，后者则竭尽所能地精美。如商周时期用来摆放肉的俎和放酒坛的禁，都是祭祀中使用的器具，以体现统治者的权威及对神与祖先的崇拜。至秦汉时期，人们依旧保持着席地坐的习惯，但许多为了生活方便的家具开始出现，如有屏风的榻、倚具等。

魏晋时期是民族交融的时期，胡人垂足而坐的习惯逐渐影响汉人，特别是到了唐朝和五代，许多家具已经按照垂足而坐的尺度来设计——尽管人们有时还不太习惯，在高高的家具上保留了一些跪坐和盘坐的习惯，但垂足坐的家具已成为了室内的主角。

云纹铜禁是我国迄今发现用失蜡法铸造的、时代最早的铜器，其器身以粗细不同的铜梗支撑多层镂空云纹，十二只龙形异兽攀缘于禁的四周，另十二只蹲于禁下为足。

宋代是中国文化发展的顶峰，贵族和文人创造了一种优雅细腻且丰富的生活，此时基本确定了中国家具的种类、形制和尺度，人们在对家具做出了许多舒适改造的同时，也不忘记在造型和装饰中表达文人高雅的气息——装饰性的线脚和桌面下的束腰结构如可盈盈一握的仕女蜂腰，桌椅四足的断面除了常见的方形和圆形，甚至做成马蹄形，这些都成为明清家具风格的基础。

顾闳中的《韩熙载夜宴图》记录了唐朝和五代时，席地坐和垂足坐两种起居方式交替的有趣场面。

明清家具是中国家具发展的顶峰，今日我们所见的大部分家具形式和装饰语言都来源于这两个朝代。明代家具重结构轻装饰，清代家具重装饰而轻结构，所以我们总能在第一眼分辨出两者。田自秉教授称明代家具有着"简、厚、精、雅"的特征，像一个不急不缓的诗人，而且明代家具的配置与场所的功能紧密联系，形成与厅堂、书斋、卧室等相应的成套家具的概念。清朝则犹如中国的巴洛克、洛可可时代，以装饰见长，每一个部件简直都可以被当做单独的雕塑来欣赏，镶嵌、珐琅、雕漆、丝绣、玉石等工艺被工匠们恰如其分的运用其中，以期表现万物的丰富风貌。

～ 中国传统家具类别与形制 ～

● **椅子**

〔交椅〕 交椅是在马扎（古时候称胡床）的基础上加上圈背而成的，是一种腿部交叉、可折叠的椅子，其椅面常用布面或绳子编制而成，因此轻盈便携。是重要人物出门常用的家具，其缺点是承重量低，没有其他椅子牢固。

交椅的形制主要体现在椅背的形状上，分为直背交椅和圆背交椅两种。

〔宝座〕 宝座作为皇帝的专用座椅，是权利和尊严的象征，造型庄重，尺寸较大，座位极宽，人坐其中一般三边都靠不着，并饰以代表皇权的龙纹。

〔太师椅〕 太师椅最早是指椅背上有托首（即在椅背的最上端多做一块木板以用于托住脑袋）的扶手椅，清代后太师椅的造型发生很多变化，人们渐渐把所有硬木制的、贵重的、能显示身份的扶手椅称为太师椅。清代后太师椅的典型样式是椅背、扶手和椅面相互垂直，亦称为"清式扶手椅"。

〔圈椅〕　　圈椅是指四足垂直椅面、扶手与搭脑（位于椅背、衣架等最上的横梁）形成完整弧线的扶手椅，手臂靠在其上可以得到完全的休息。另外椅背只有一块矩形靠背板，通常做成"S"形或"C"形，在身体等到全方位放松的同时保证背后的通风。

〔官帽椅〕　　官帽椅指搭脑两端出头的扶手椅，自宋代就有，因搭脑形似宋代的官帽而得名。官帽椅的形制有三种，一是搭脑、扶手都出头，称为"四出头"，一是只有搭脑出头或者扶手出头，称为"两出头"，一是都不出头，称为"南官帽椅"。

〔玫瑰椅〕　　玫瑰椅是所有扶手椅中椅背高度最低的一种。最早是椅背高度与扶手齐平，明代后椅背高度一般不超过窗台，使人临窗坐而不挡住风景和空气流通。

〔靠背椅〕　　没有扶手只有椅背的椅子，一般有两种形制，一是搭脑不出头，称为"一统碑"，一是搭脑两出头，称为"灯挂椅"。靠背椅可随处移动，可用于居室许多地方。

〔禅椅〕　　禅椅是指椅面多出一块地方用于盘腿打坐的椅子，有些是椅背和扶手都有，有些只有椅背。禅椅造型开阔，因其特殊的功能非常适合放置在用于静心思考的场所或营造禅意的院落。

{鹿角椅}

鹿角椅是清皇室专用的椅子，是清皇帝用亲手猎打的鹿的鹿角，命造办处的工匠制作的，以训诫子孙莫忘马背上民族的传统，象征皇家力量的家具。由于鹿角曲折天然，颇有意趣，但是尖锐危险，因此现在使用鹿角椅陈设观赏的功能大于实用的功能。

● 凳

{方凳}

凳指与椅子相比，是有腿没有椅背和扶手的坐具,椅面为矩形或方形的凳子，明朝的凳子多为长方形，清朝多为正方形。后来又发展出梅花形、椭圆形等椅面的凳子。

{鼓凳}

鼓凳形制像鼓，因古时候用绣品蒙面做装饰，因此又称绣墩。鼓凳的特别之处还在于其他家具一般是木制的，鼓凳有陶制和木制两种，不同种类的陶瓷演绎出不同味道的鼓凳。

● 床

{榻}

榻指无围栏，只有一个平面和四足的床具。因为榻是从中国席地坐时代流传下来的形制，所以一般矮而狭长，现在只使用于北方的炕上或者是席地而坐的和室。

| 【罗汉床】 | 罗汉床三面围，一面开，尺寸既适合斜倚交谈看书又适合小憩，明清后变成很重要的待客工具。在罗汉床上加一小几，烹茶摆棋，功能多样。 |  |

| 【架子床】 | 架子床指有围栏并以立柱支起顶的床，并可挂起帐子，这种床是为适应古代大的室内空间而设计的，强调私密和舒适，不一定适合现代的家居空间。 |  |

| 【拔步床】 | 形制高大，结构复杂，好像把架子床放到了一个木制镂空围栏的小房间中，中可放置睡铺、梳妆台、小橱等，也是为古代大室内空间而设计，同时是财富的象征。 |  |

● 桌　　桌与案的区别与其大小、功能无关，主要是看形制，桌腿的位置顶住四角的为桌，收进桌面下的为案。

| 【八仙桌】 | 桌面为方形的桌，是使用最为广泛的桌子。 |  |

| 【裙褴桌】 | 配有抽屉的写字台。 |  |

〖圆桌〗 桌面为圆形的桌，一般中间由一根饰有花纹的粗大立柱支撑起，称为"百灵桌"，现在则发展为有不同数量的桌腿。

〖半桌〗 桌面为半圆形或半多边形的桌，主要是靠墙摆放，用于摆放装饰品，因此造型灵巧优美。

〖条桌〗 桌面为长方形的桌。

● 案

〖平头案
翘头案
卷书案〗

案在席地而坐的年代是指盛食物的木制矮脚托盘。现在根据案面尾平、翘起和下卷的形状，分为平头案、翘头案、卷书案三种。

平头案　　　　　　翘头案　　　　　　卷书案

〖架几案〗 架几案是指在两个几座上摆放一块面板的案，是一种形制较大的案，符合较大的室内空间，运输方便。

● 几

【香几】　　香几与半桌一样，都为装饰性家具，所以造型瘦高，腿足弯曲夸张，足下有"托泥"，椅面形状优美，常见的有圆形、梅花形、多边形等。古时候的人们用香几摆放香炉或花瓶，现在则不拘一格，且香几占地面积不大，是点缀居室空间的良具。

【炕几】　　炕几是在炕上使用的低矮家具，炕案较窄，以前放在炕或者大床的两侧使用。形制娇小、灵活多变。

● 柜格

【面条柜】　　明代经典的储物柜，形制上窄下宽，只有两扇柜门，又称"A型柜"。因其上窄下宽的造型，这种柜子给人非常稳定的视觉感受，但是面条柜要单独或分开摆放，当两个面条柜摆在一起时所产生的倒三角空隙非常不美观。

【架格】　　架格指三面浅围、不带门的柜子，整个架格被分隔成若干格层，主要存放平时常拿取的物品，有些依据书的尺寸制造的成为书格或书架。

【多宝格】　　多宝格兴盛于清朝，是一种形制独特的架格，格内分割为横竖不等、错落参差的格子，用于摆放大小不同的陈设品，外形上有长方形、圆形、瓶形、多边形、月洞形等，极具丰富的视觉效果，开辟出一种新奇的意境。多宝格多为成对摆放，左边有的错落格子，右边也有相应的错落格子。

| 〔亮格柜〕 | 亮格柜上部是通透的架格，下部是带柜门的柜子。 |  |

| 〔闷户柜〕 | 闷户柜最上层为抽屉，没有柜门，但拉开抽屉后底下有储物的空间，称为"闷仓"，且闷户柜两边常饰有翼形装饰，柜面狭长低矮，以前用于存储，现在多用于摆放陈设。 |  |

● **屏风**

| 〔围屏〕 | 可以折叠的屏风，一般由双数的单屏扇连成，因无屏座，放置时可折成锯齿形，故又称"折屏"。 |  |

| 〔地屏〕 | 单面的落地大屏风，下面有屏架。 |  |

| 〔插屏〕 | 宋朝时文人为了防止桌上的墨汁被吹干，发明了一种可放在桌上的小屏风，称为"砚屏"，后来砚屏逐渐演变为一种桌案上的装饰性屏风，就像是缩小版的地屏，且屏心是独立的，能被单独取下，称为"插屏"。 |  |

| 〔挂屏〕 | 挂在墙上的屏风，取消了屏风分割空间、遮挡的功能。 |  |

新中式家具

中国传统家具虽然意蕴优美，但在古代只有贵族和富商才可以享用做工精细、价格高昂的家具，这显然不适合现代主义设计所提倡的民主精神，况且很多时候也不适合现代生活所要求的舒适和简便。近30年来，设计师一直在探索如何把中国的传统家具与现代需求结合，新中式家具应运而生。一般有以下三种手法。

传统家具纹样过于繁复而不适合现代人的需求和审美，通过对纹样的简化，打造更适合现代空间的家具，甚至是赋予平整光洁的表面，仅仅是保留结构性线条的美感。

传统家具的装饰纹样大多数是具有象征意义的程式化图案，将其与现代的构成美学相结合，抽象与具象、简洁与烦琐碰撞，产生一种新的意趣。

借形——中国传统家具特有的风格形态是最为人津津乐道的，所以新中式家具最常用的手法就是在尽可能保留原有结构的基础上进行改造。这些改造给人一种全新的感受，家具看起来仿佛是你平常所熟知的样式，但又和你所熟知的样式有所不同，对于设计师和使用者而言，是一种多么美妙的审美体验。

传统家具在质感和颜色的表现方面比较单一，幸而现代工艺给出许多发挥想象力的解决方法：设计师可以给家具喷上喜欢的颜色，使家具能够适合不同空间的色彩要求，可以用金属、布艺和皮料替换传统家具的木材材料，让它们使用起来更舒适或者看起来更酷。

借意——人们喜爱中式传统家具，往往是因为中式家具的发展历程浸润着皇家贵族和文人士大夫对中国儒家精神与禅道的追求，它们处处流露出意洁高雅、无花自芳的气息。特别是明代硬木制作技巧日趋成熟后，中式家具无论木作抑或藤编，多以展现原来的质感和颜色为主。

借元素——设计师抽取中国传统装饰符号，通过简化、夸大或抽象化的处理，与现代风格的家具进行融合。

设计师以原色木头为载体，或抓住中式家具传达给人的恢弘的感觉，或对中式家具符号进行转译，得意而忘形，更有利软装设计师营造现代的文雅气氛。

笔直的线条和单一的白色都说明了这个箱子是现代风格设计的产物，中国式的箱扣添加了作品的雅气，放置其上的瓷碗亦在风格上相互呼应。

园林庭院的月洞门移置到室内成为半开放式的隔断，即区分开功能区域又保持了视觉上的开阔感，设计师围绕它设置了一组软装，月洞门某种意义上成为了取景框。

4 装饰品

建筑构件为新中式风格的陈设提供形式和审美上的铺垫，门、窗、隔扇、门柱等式样和纹样，蕴含着中国最美的形式构成，从建筑主体上分解出来，并披上现代主义的形式外衣，作为隔断、饰板等被移用到室内，体现出现代与传统的融合。

把装饰建筑的构建做成镶板装饰室内的墙面，是新中式风格常用的一种装饰手段，使用时要注意纹样的简繁搭配，本案连枕头的花纹也与镶板做了呼应。

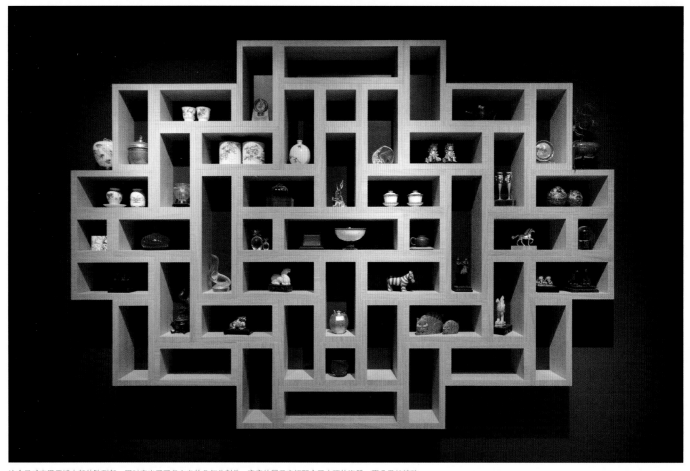

这个灵感来源于博古架的陈列架，同时突出了现代主义的几何分割美，窄窄的展示空间配合了小巧的瓷器，更凸显其精致。

在古代，工艺品除了实用和装饰的作用，还有许多是为了私下的品鉴和把玩，因此中国传统的工艺品多种多样——字画、匾幅、瓷器、青铜、漆器、织锦、扇子、木雕、民间工艺等，样式更是包罗万象。家中的陈设品通常是寄托祝福或托物言志的载体，对称是首要的美学法则，而博古架和条桌则是最主要的陈列家具。

冷冽的蓝色和简洁的背景把人的视线集中到桌子上的陈设品，聚散和形状的对比也是设计师经过深思熟虑的，在传统物件下体现出的其实是"少就是多"的现代美学。

设计师不想任何室内局部都是清晰和精致的表面，因此选用了粗糙、残缺和朦胧作为这组陈设的表情，使人有一种脱离当下的错觉。

青花瓷和鸟笼灯都是常见的
新中式装饰元素，设计师别
出心裁地添加了素面纸扇，
在带给人新鲜感的同时更增
素雅之感，麻质桌旗和餐桌
垫无论颜色或质感，都与室
内整体颜色做出呼应。

新中式风格继承的虽然是传统的语汇，但在摆放方式上更趋向现代主义的自由形式。你可以在空间的视觉焦点展示最具中国特色的陈设品，以凸显新中式风格；而陈设品的风格应与整体相吻合——如简约的新中式风格适合素雅的摆件，雕刻繁复的清代家具不妨配上华丽的粉彩瓷器或景泰蓝工艺品。

同时，为了让新中式空间多几分活力，可在整体统一的前提下进行小面积的对比，选择具有现代工艺、材质或异国风味的陈设品进行混搭，从而突出新中式风格的"新"。

这是一个非常普通的客厅布局，不过设计师通过一盏吊灯和主墙面一幅以荷花为主题的装饰画给人留下深刻的印象，再次说明陈设品在室内设计中的重要作用。

设计师在一个偏长形的空间里安排了四个层次的陈设，分别是壁龛里的雕塑、书桌、门柱和桌子，并利用灯光和被竹帘过滤过的阳光来营造气氛。

设计师不拘囿于任何中式风格的固定思维，以当代的抽象画搭配陶尊，不过它们之间的共同点带来视觉的和谐——大气的造型和古朴的颜色。

5 花艺

江南私家园林的主人想把诗文、绘画里的自然留在身边，因此他们在很小的空间里创造了一种充满"诗情画意"的咫尺山林，其中石艺、盆栽和花草的形式，以及对小空间的灵活运用，常常被借来充当室内软装饰。植物自然的姿态搭配古典样式家具及典雅的瓷器，疏朗之气确实传达出中国"天人合一"的意境。

设计师把植物吊在天花板上，与小树曲折的轧枝一起在室内创造了一种类似庭院的感觉，还有比这个更绝的创意吗？

6 布艺

新中式风格的布艺主要体现在对中国传统纹样的运用上，中国传统纹样多不胜数，主要分为几何纹、植物纹、动物纹、人物纹、器物纹和文字纹六大类，由此可看出中国传统纹样都是对具象的表现主题进行抽象化表达，讲求的是对称与均衡。它们蕴含着吉祥如意的含义，寄托了人们对居室和生活的祝福。

另外，靠垫、地毯和窗帘等必须在颜色和图案方面呼应主体风格，才能展现出和谐的效果，通常丝质和刺绣的布艺更受到青睐，因为它们能很好地体现出新中式风格的典雅。

业主显然对中国的传统工艺品很感兴趣，因此设计师为抱枕选用了最具代表性的中国红和绳结纹，它们和业主的藏品看起来是如此搭调。

营造一个舒适的又带有贵族气息的空间是设计师的主要目的，因此选用了彩度低、花纹繁复的床上用品，闪烁着光泽的暗金黄色的枕头让人联想起皇家用途。

7 案例赏析——一步一风景

■

项目名称：花样年苏州太湖天城别墅样板房
设计公司：深圳市昊泽空间设计有限公司
设计师：韩松

■

设计师通过"立体院落"的概念，解决了通风采光的问题，丰富了建筑空间的层次，并通过一些系列典型的中国传统工艺品，强化了"东方院落"的感觉；注重室内外空间和景观的互动，丰富的软装饰使之达到了"一步一风景"的效果，让居住者享受到精致的生活。

　　客厅轴对称式的家具布局体现了中国的中正平和之美，藤家具和布艺沙发有别于传统的木头家具，提供了舒适的生活环境。红色丝质抱枕亮丽的颜色和光泽活跃了空间气氛，精致的茶具和文房四宝集中体现了业主对中国文化和中国生活方式的喜爱，由此，新中式风格软装不再只是一种美化空间的摆设，更是融入生活、提高生活品质的方式。

陈列柜展示了中国最具代表性的工艺品，如跽坐人像筒灯、陶雕以及各种釉色的青瓷、黑瓷和青花瓷，由此看出设计师在如何表现业主的趣味和对艺术品的品鉴能力方面，花费了很多心思。最特别的是棋牌室那独具匠心的壁挂装饰，以色彩渐变的牛角制成，为本案的软装带来新鲜感。

　　竹帘、轻纱和半透明的落地窗帘，为整体室内带来影影绰绰的浪漫气息，巨大的室内盆栽延续了室外有限的园林景观，青翠的绿色在主卧一片祥和的灰色调中显得越发有生气。一把干枯的莲蓬、荷花形陶饰、色调沉着的青瓷和淋漓的水墨画，则带来了幽然雅致的气息。

　　主卧的布艺都是低彩度的颜色，因此通过不同的质感和纹样创造层次感，特别是暗金色的系列枕头，在温暖的光线中泛着温和的光泽，在显示质感高贵的同时又不让人觉得色彩生硬。另外，由于隔断、窗格和床头都是以直线为主的几何纹样，因此布艺选择了充满天然形态的植物纹样，特别是被子蜿蜒盘绕的花草纹，显得如此柔美大方；次卧的布艺则与之相反，由于墙纸是花草纹，所以被子和地毯就选择了条纹和交错的几何纹，体现的都是刚柔并济的设计原则。

　　原木的餐桌尺寸巨大，显示出王者之风，玉璧作为皇家权力的代表更凸显出这种气氛。荷花的形象作为本案的主要元素贯穿整体，枯木、镀金的小摆件、晶莹的玻璃杯，无不显示出大气华贵的风范。小会客厅与餐厅一样，通过代表性的艺术品创造视觉的聚焦点。暖黄色调的工笔花鸟装饰画在冷色调的小会客厅中十分醒目，它及其底下的青花瓷的精致程度显示了中国艺术的高超技术。

鸣谢 Acknowledgments
设计公司

- 奥迪（国际）室内设计公司
- 安东尼联合设计事务所
- 艾布拉姆森建筑师事务所
- 北京睦晨风合艺术设计中心
- 动象国际室内装修有限公司
- 大卫·西克斯公司
- 邓尼斯顿国际建筑师与规划师事务所
- 戴爱斯设计工作室
- 法邑设计
- 广州力思工程设计有限公司
- 广州道胜设计有限公司
- 广州市韦格斯杨设计有限公司
- 广州共生形态工程设计有限公司
- 汉品室内设计股份有限公司

- 汉象建筑设计事务所
- 湖南自在天装饰公司
- 赫希贝德纳联合酒店顾问有限公司
- 巨鲸设计
- 琼斯工作室
- 卡梅伦·胡设计师事务所
- 宽月空间创意设计
- 牧恒设计
- 如恩设计研究室
- 思佩思（北京）室内设计咨询有限公司
- 拾雅客空间设计
- 深圳市昊泽空间设计有限公司
- 深圳市派尚环境艺术设计有限公司
- 上海一墨十方室内装饰设计有限公司

- 十分之一设计事业有限公司
- 设计共和
- 太河设计安东尼联合设计事务所
- 威尔逊联合公司
- 玄武设计
- 西德尼·哈珀视觉艺术和设计工作室
- 严维锋设计有限公司
- 岩舍国际设计事务所
- 域研近相空间设计有限公司
- 英国富贵设计有限公司
- 云邑设计
- 异国设计
- 郑炳坤室内设计有限公司
- Davidclovers设计

鸣 谢 Acknowledgments

摄影师

- FER工作室
- FFD设计
- HSD水平线空间设计
- JID 杰森空间设计
- Lime 388 设计公司
- Lipparini 设计工作室
- PAL设计事务所
- PINKI（品伊）创意集团&美国IARI刘卫军设计师
- UXUS设计公司

- 安德烈亚斯·奥伯瑙尔
- 埃希亚·鲁
- 吉姆·皮斯
- 沙伊·库尼斯
- 沙侬·麦克格拉斯
- 西蒙·柯林斯

- 戴绮芬
- 罗广
- 卢震宇
- 廖子毅
- 慕容客
- 孙祥宇
- 吴奉文
- 王基守
- 周政毅
- 周宇贤

鸣谢 Acknowledgments
设计师

- 陈贻
- 陈韵如
- 陈正茂
- 陈敏媛
- 蔡明宪
- 杜康生
- 郭锡恩
- 韩松
- 黄向明
- 黄山谷
- 黄书恒
- 何永明
- 胡如珊

- 胡春惠
- 胡春梅
- 洪茂杰
- 刘明
- 刘飞
- 刘强
- 刘卫军
- 刘淑苗
- 刘文义
- 李俊平
- 李益中
- 李中霖
- 赖广宁

- 林青蓉
- 林济民
- 骆志兴
- 梁景华
- 琚宾
- 康健一
- 康智凯
- 毛罗
- 欧阳毅
- 彭征
- 区伟勤
- 任萃
- 石燕

- 谭琼妹
- 谭精忠
- 汤汉文
- 伍斌
- 吴家桦
- 吴承宪
- 王文亚
- 许金花
- 许炜杰
- 许宜真
- 尹芮
- 杨啸
- 杨邦胜

- 严维锋
- 郑浩
- 郑炳坤
- 张睦晨
- 张轩崇
- 钟文萍
- 赵牧桓
- 艾什雷·吉尔摩
- 贝努瓦·阿尔弗雷尔

- 大卫·西克斯
- 道格拉斯·皮尔逊
- 弗朗索瓦·弗罗沙德
- 凡尼莎·西伦
- 金博尔·斯塔尔
- 克里斯·默西亚
- 克里斯托弗·富尔哈默
- 克里斯·斯密特
- 拉斐尔·利亚马萨雷斯

- 马克·里利
- 斯特凡诺·朵拉塔
- 提摩西·科里根
- 托基尔·麦金托什
- 托马斯·达里尔
- 西蒙·米切尔
- 西德尼·哈珀
- 雅克·加西亚

参考文献
Reference

[1] 凤凰空间·华南事业部.禅境[M].南京：江苏人民出版社，2012.

[2] 欧朋文化，黄滢，马勇.禅意东方：居住空间III[M].武汉：华中科技大学出版社，2011.

[3] 欧朋文化，黄滢，马勇.禅意东方：居住空间IV[M].南京：江苏人民出版社，2011.

[4] 马勇，黄滢.禅意东方：居住空间V[M].南京：江苏人民出版社，2012.

[5] 黄滢，马勇.浪漫新古典 [M].南京：江苏人民出版社，2011.

[6] 马勇，黄滢，贾方.锦瑟东方[M].南京：江苏人民出版社，2012.

[7] 贾方.惊艳米兰——2011米兰国际家具展大赏[M].南京：江苏人民出版社，2011.

[8] 黄滢，马勇，贾方.宴遇——餐饮空间III[M].南京：江苏人民出版社，2011.

[9] 马勇，黄滢.低碳居庭——水木年华[M].南京：江苏人民出版社，2011.

[10] 马勇，黄滢.世界豪宅地图[M].南京：江苏人民出版社，2012.

[11] 香港理工国际出版社.100家全球最新品牌酒店[M].武汉：华中科技大学出版社，2011.

[12] 马勇，黄滢.简美——居住空间[M].武汉：华中科技大学出版社，2010.